水辺と日本人

環境・文明・防災

中岡義介

明石書店

はじめに

昨今、震災のみならず、従来の経験のなかでは予測しえないような豪雨による災害が頻発している。

異常気象は自然現象だが、それが災害になることには、しかも毎年、おなじようなことがくりかえされていることには、自然現象のうけ手であるわたしたちサイドに、なにか考慮すべきことがあるのではないか、とかんがえざるをえない。

そのためには、わたしたち自身がみずからの生活空間を見直してみる必要があるのではないか。

そこに、わたしたちがこれから必要とするものがみえてくるのではないか。

◇

では、どうやって見直しをするのか。

かなり根本的なところまでさかのぼって見直しをする必要があるのではないか。わたしたちは技術一辺倒の社会にすっかり飼いならされているからである。地震、水害などの自然がもたらした激甚災害が問いかける見直しであるから、なおさらである。

そこで、わたしたちの生活空間の初発までさかのぼってかんがえるという方法をとり、そこでのわたしたちの営為をたどっていきたい。

◇

その作業を科学的なものにするために史料的アプローチをとるべく、わたしたちの国土、わたしたちの大地の形成を史料から読み直すとき、スタートとして、現存最古の史料である『古事記』と『日本書紀』、あわせて『記紀』がある。

『記紀』は、神話として理解するようにわたしたちは教えこまれてきたが、じつは、わたしたちの大地の形成過程がみごとに語られている。

そのことに気づきにくいのは、『記紀』の記述と現実の生活空間との重ね合わせ作業がおこなわれてこなかったゆえではないかとかんがえられる。

じっさい、これまで神話としてつくりごとだとされてきた記述が、考古学の発掘調査などによって事実であることがはっきりしてきた。今後も、おそらく、おなじような発見が次々にみられることだろう。だとすれば、『記紀』を神話としてほうむりさるのは、もったいないかぎりである。

そこで、ここでは、史料的アプローチにくわえて、できるかぎり現地調査をおこなっている。

◇

このようにしてさかのぼってあきらかになることは、わたしたちの大地は、もともとからあったものではなく、海から生まれた、海がつくりだした水辺を初発とするということである。

水が恒常的に行き来する大地、すなわち水辺である。

初発とは、山と海からなるわたしたちの列島において、そのような大地、いな水辺を、わたしたちはもとめたということである。

◇

そうして手にいれていく大地、水辺をもちいていく段階で、「水辺の思想」ともいうべきものが生成される。

それは、「水辺は遊び庭」、ということである。

遊び庭とは、琉球の集落にきわめてふるくからある〝あそびなー〟あるいは〝あしびなー〟

のことであるが、ここでは、遊び庭はたんなる斎庭ではなく、情報センターであり、学習センターであり、交流センターである出入り自由の地を意味する。

水辺は、たんに水辺ではない。

◇

このことがさまざまにわたしたちの生活空間を発展させてきた。

これまでその発生についていろいろと議論されてきた古代の寝殿造という住居タイプも、これで説明できる。住居の発展、都市建設、都市空間・地域空間の生成も説明できる。

それだけではない。能の所作として芸能に昇華されているように、わたしたちの立ち居振る舞い、作法にもみることができる。みえない水辺がわたしたちの身体と意識にしみこんでいる。

これはもう、世界に冠たる水辺国家、水辺の文化の地、一大「水辺の文明」の国といって過言ではない。

しかも、それは、過去のものではなく、現在も脈々とつづいている文明である。

◇

これを動物学的人間像からみると、わたしたち人間《ヒト》は、「衣」からみた裸のサル、「食」からみた悪食のサルであるとともに、「住」からみた水辺のサルではないか。

とりわけわたしたちは、水辺のサルであることを大きく突起させた新「水辺のサル」といってよいのではないか。新「水辺のサル」の文明である。

わたしたち水辺のサルは、日本で、平らなユカと平らなアシを進化させ、わたしたちの国土、すまい、都市を発展させてきたのである。

◇

こうした自然ベースの生活空間のことを共有して、この国土に暮らしていくことが、顕著な気候変動などがすすむと予想される現在から将来、ますます重要になるのでは、とかんがえている。

以下、このようなわたしたちの国土、すまい、都市はどのようなものか、それをみていこう。

一　水辺と日本人

わたしたちが暮らしている日本の国土は、四周を海で囲われ、山がちな陸地には大小さまざまな川が無数といっていいほどに流れている。だから、わたしたちは海と川の水辺に暮らしているといってよい。水辺とは切っても切れない関係にあるといってよかろう。

ところが、わたしたちは、水辺に暮らしているということを深くかんがえることはほとんどない。それほどまでに、水辺で暮らしていることはあたりまえになっている。というか、そのことをすっかり忘れて暮らしているというほうがあたっている。

いまは、十万年単位で氷期と間氷期とをくりかえすようになった地球の、間氷期にある。約一万年まえにはじまったこの間氷期は、はじまったばかりということである。現今の地球温暖化は、そのなかにあって、温室効果ガスの影響などもうけてすすんでいる。これから地球はどうなるか。これまで経験したことがないような異常気象がつづいている昨今、わたしたちにとって水辺とはなにか、いまいちどじっくりとかんがえておいたほうがよいのではないか。

そのいっぽうで、水辺にたいする憧憬にはかなり強いものがある。日本民俗学の父、柳田國男は、日本人には「草木と青空とを忘れかねる情」（『明治大正史　世相篇』）があるといったが、「水辺を忘れかねる情」も深い（拙著『国土のリ・デザイン』）。これはどういうことなのか。

そもそもわたしたち人間《ヒト》は、水辺と切っても切れない関係にあった。

それはヒトがサルから決別していったころからはじまっている。

ヒトとサルをくらべると

では、いったい、ヒトとサルはどのようにちがうのか。

DNAの配列レベルは、両者でほとんどちがわない。だから、わたしたちは、地球に一九三種いるというサルのなかの一種である。そのサルのなかで、ヒトについて、道具をつくりもちいるサルとか、抽象的な思考ができるサルなどとふるくから論じられてきた。しかしそのような質的な違いに着目するかぎりは、ヒトと水辺の関係は解きあかせそうにない。

そこで、単純にその量的な違いに着目してみれば、どうなるか。

そこにいちはやく着目したのが、イギリスの動物学者で動物行動学者のデズモンド・モリス（Desmond Morris）である。

かれは著書『裸のサル――動物学的人間像』（日高敏隆訳）を、

現在、世界には全部で一九三種のサルとヒトニザル（類人猿）がいる。その一九二種は体が毛でおおわれている。例外なのは自称ホモ・サピエンスという裸のサルである。この高度に繁栄した種類……私はもはや、かれの行動のパターンにはたいへんに複雑で印象的なものがあるというだけの理由から、かれを動物として扱うのを避けるようなことはしたくない。なぜならば、ホモ・サピエンスはこれほど博学になったけれど、なお一個の裸のサルにすぎないからである。高尚な新しい行動契機をいろいろと獲得しながらも、かれは泥臭い古い行動契機をなにひとつ失っていない。……かれの古い衝動は数百万年もの間かれに伴なってきたものであり、新しいほうはといえば、最大限数千年しか経ていない。かれの全進化史の中で蓄積された遺伝的な遺産に、性急にそっぽをむこうとしても無理である。……

という言葉からはじめている。

歯、眼、そのほかたくさんの解剖学的特徴からみると、ホモ・サピエンスがあきらかにたいへん奇妙な霊長類であることがわかる。かれがどんなに奇妙な動物であるかは、一九二種の現生のサルとヒトニザルの毛皮を一列にならべ、そのなかのどこか適当な場所に人間の皮を置いてみればはっきりする。

どこに置いてみても、それは場所にそぐわないだろう。けっきょくわたしたちは、この皮を、毛皮の列のいちばんはじ、大型ヒトニザル、すなわちチンパンジーとゴリラの毛皮のとなりにもってゆくが、そこでさえ、かれの皮は異様にみえるであろう。肢は長すぎるし、腕は短すぎ、足元は奇妙でさえある。あきらかにこの種は特別な移動方法を発達させ、それがかれの体形を変えたのである。

だが、もうひとつの特徴も、忘れてはならない。

それは皮膚が事実上、裸だということである。頭と腋の下と生殖器のまわりにある顕著な毛のふさをのぞけば、皮膚の表面は完全に露出している。他の霊長類とくらべれば、この対比は劇的である。たしかにヒトニザルと若干のサルには、尻、顔、胸などに裸の部分があるが、一九二種の霊長類のどれにも人間の裸の状態に近づく気配すらみられない。

そこで、この新種を、つまりわたしたち人間なのだが、「裸のサル」と名づけたのである。

ヒトは「裸のサル」

そして、「裸のサル」のセックス、育児、探索、闘い、食事、慰安、動物たち、といった諸行動を克明に観察、分析し、それらが「裸のサル」が突出させているいかなる身体的特徴と関係しているかということを問うて、それまで無視されてきた人間の動物的な側面をあきらかにした人間像をえがきだした。

モリスは、直立二足歩行の「裸のサル」は狩猟型のサルを起源とした。そのことがなにを突起させたか。嗅覚ではなく視覚を突起させた。捕食性をもったがために貯蔵をおぼえ、加工をするようになった。そのことがたえず狩猟をしなくてもよいライフスタイルを生んだ、などど。

その「裸のサル」は、ネオテニーを利用してサルから決別した、とモリスはとくに力を込めていう。

ネオテニーとは、動物において、性的に完全に成熟した個体でありながら、非生殖器官に未成熟な、つまり幼生や幼体の性質が残る現象のことである。

二本足で直立したために子宮口がせまくなったので、嬰児は未熟なまま外に出ることをよぎなくされた。それならば初期の成長をあえて遅らせよう。そういうネオテニー戦略をとったこと、さらには発情期をなくしたこと、言葉でコミュニケーションをとりはじめたことなどが突起した。

「悪食のサル」でもある

南アフリカ共和国生まれのイギリス人動物学者ライアル・ワトソン（Lyall Watson, 1939～2008）は、モリスに師事していた時期に、『悪食のサル――食性からみた人間像』（餌取章男訳）を著して、「人間には他の動物にはみられない超雑食性という要素がある」と指摘した。たしかに、わたしたちはいろんなものを食べるから、ずぬけて雑食の生き物だということはわかるが、それは他の動物にはないものだというのである。

ところが、食はどの動物にとっても必要不可欠のものであるから、「ふつうの人の胃袋が年に一トンもの食物を摂取することを思えば、食物に対するわれわれの関心が並み並みではないのも驚くにあたらない」のだが、「関心の大きいということが、理解の深さとまったくつながっていない」のだと、かれはいう。

アフリカで生まれたワトソンは、幼少時にアフリカのズールー族とクン・ブッシュマンから自然界にかんする教えをうけ、ヨハネスブルグ動物園で園長をつとめた。そのキャリアから、かれは、自身の研究や体験にもとづいてさまざまな動物と人間の食性について考察して、人間の食性が他の動物のそれといかに類似しているかをまず食欲からあきらかにしている。そして、哺乳類の食性の複雑な発達の過程を、つぎにように要約している。

すべての哺乳類は、かつては昆虫を常食としていた。そのうちのあるものはいまでも生きつづけている。たとえばモグラである。つぎに、おおくの哺乳類が第一の食性変化を起こした。昆虫食から草食へ（シカ）、肉食へ（ネコ）、雑食へ（オポッサム）である。そしていくつかの哺乳類が第二の変化をとげた。草食から超肉食へ（猿人）、草食から超雑食へ（ブタ）、肉食から超昆虫食へ（ハイエナ）、肉食から超草食へ（ジャイアントパンダ）、肉食から超雑食へ（クマ）である。

そのなかから、ひとつの哺乳類だけが、食性について第三の変化をとげた。超肉食から完全雑食に変わったヒトである。

超雑食は進歩への基盤

ヒトは雑食動物の典型であるがために、食べ物がなくなってもほかのものをさがせばよいということをなんども経験してきた。それゆえであろうか、必要とするまえからあたらしいものをさがしもとめるようになった。これが雑食性を身につけた理由でもあろう。

ただ、ヒトは全体として雑食であるのだが、個々の人間はある一定の食習慣をしめしてもいる。たとえば、遊牧民はおもに昆虫を食べる。エスキモーのように肉しか食べないグループもある。菜食主義者——かれらの大部分はまだタマゴやミルクやチーズは食べるから雑食者にはいるが——もふえてきている。

このように、昆虫を食べる人があり、草を食べる人があるというのは、人間が雑食動物であることをしめす、自然なすがたの一部であり、それぞれの食性をしめす仲間は、他の哺乳類にみられる。

しかし、ヒトには動物の世界にはみられない超雑食性という要素がある。これはほかにはなかったことである。つまり、ヒトは雑食であるために、全体として生き延びたのである。食にたいする欲求や興味がヒトをつくりあげてきたとすれば、逆にいえば、こうした資質を失うことはヒトをダメにすることになる。探究心は進歩への基盤である。われわれが進化の道をあゆむには、そうした心はいっそう必要であろう。食物はその援軍としての力が大きい。

ワトソンはこのようにいって、餌探し、保存、調理、食べる、飲む、食と性などから、食物について他の動物と比較しながら考察して、食性からみた人間像をえがきだした。

ワトソンによれば、「雑食動物というのは、目新しい食べ物や、新しい味を試みるたのしみを持った動物のこと」である。

陸から海に押し戻された

こうした人間論は男の立場からみすぎているのではないか、女と幼児、とくに女のことが無視されている、ために、わたしたちの祖先にかんする貴重な手がかりを見落としていると異論をはさんだのが、在野の研究者であるイギリスのテレビ作家エレン・モーガン（Elaine Morgan, 1920～2013）である。

モーガンは、さまざまな資料や学説などを駆使して、女は男の従属物か、水棲生活のはじまり、なぜ体毛がなくなったか、言葉を人類は海でおぼえた、ふたたび陸へ、などの章からなる、『女の由来』（中山善之訳）を著した。

人類の歴史はアフリカではじまったとする理論は、一般にみとめられている。二〇〇〇万年まえの中新世のころのケニアは、気温は温暖で雨量はこんにちよりおおく、森林は生い繁っていて、小さなテナガザルから大きなゴリラていどの大きさにいたるじつにさまざまなタイプが繁栄していた。そのなかに菜食主義の類人猿、先行人類とよばれるものがいた。木からえさをとり、枝の上で眠ったが、一部の時間は地上ですごした。

この平和な二〇〇〇万年におよぶ暮らしがつづいたのちに、鮮新世の焼けつくような熱波がアフリカ大陸をこがしはじめた。森の周辺部では、かんばつのために木が枯れ、ブッシュやサバンナが出現した。森がますますしぼんでいくにつれて、かつてはあらゆる類人猿をやしなうのに十分であった空間も食料も不足するようになった。

より小さく、より攻撃的でなく、地上におりることに抵抗のすくない種である先行人類は、ひらけたサバンナに追いだされた。そこにたくさんあるのは草だけだった。が、胃はそれをこなせるしくみになっていなかった。

食肉類におびやかされると、本能的に木にのぼろうとするのだが、サバンナには木はまったく生えておらず、かくれる場所もきわめてすくなかった。ほら穴などあるはずもなかった。が、目のまえには大きな水のひろがりがよこたわっていた。海だ！　恐怖のあまり海のなかにまっしぐらにはいっていった……。

こういうシナリオを、モーガンは確信した。

海のなかでなにが起こったか

この期間中に、中新世の類人猿のおおくの種がねこそぎにされてしまった。すぼまりつつあった森の谷間で身動きできなくなったわずか二、三種の類人猿が、鮮新世が終わったとき、腕歩行――手をかわりばんに前方に振って枝をわたっていくこと――にたけている類人猿として再登場した。アウストラロピテクスである。

一二〇〇万年におよぶきびしい試練をへたのちに、アウストラロピテクスはより活力に満ち、より改善された姿で登場した。しかるべき脳とあごだけを欠いていたが、その段階に達するまでのあいだに、いったいどんなことがわたしたちに起こったのか？

なぜ直立するようになったのか？　動物のあいだに二足歩行がきわめてまれな事実は、それが非能率的であることを暗示している。直立歩行も四足動物の歩行と比較すると効率面ではおとる。運動能力と関係ない、ある重要な有利さがもたらしたものにちがいない。それはなになのだろうか？

中新世の類人猿のなかで、たった一種だけがどうして武器をつかいはじめたのか？

裸のサルは、なぜ、裸になったのか？

どうしてわたしたちのセックスはこうまでこみいっていて、困惑させられるものになったのか？

こうした問題に、モーガンは女性の側から——幼児もくわえて——アプローチしようとした。イギリスの海洋生物学者のアリスター・ハーディ（Alister Hardy, 1896～1985）の水棲人類説にであったことが引き金になった。

ハーディは一九三〇年にウッド・ジョーンズ（Wood Jones, 1879～1954）の「哺乳類の中で占める人間の位置」を読んで、人間がなぜ他のすべての陸棲哺乳類と異なって皮膚に脂肪を蓄積しているか疑問をもち、その形質が海棲哺乳類の脂肪層のようであることに気づいたが、それは水棲的な祖先をもっていたからではないかとかんがえるようになった。そのことは一九六〇年に「ザ・ニュー・サイエンティス」に寄せた論文ではじめておおやけにされた。

ハーディは、人間のからだに残っている痕跡的な毛、それは泳ぐ人の体の上を流れる水の動きに完全にしたがっていることを発見した。最終的に毛を捨てさる以前に、抵抗をすくなくする目的で流れの方向にみずから適応したのではないか。

水の中をわたることは直立歩行ばかりでなく、はっきりとはみえない水中にあるものを手さぐりする習慣をとおして、わたしたちの指先の感受性が強まったのではないか。

水中で体温をたもつための最善の方法は、クジラの脂肪に相当する皮下脂肪層をからだ一面につけることである。これはあらゆる水棲動物がおこなったことであるが、霊長類でこの層を獲得したのはホモ・サピエンスだけで、その事実にたいする説明は水棲生活以外にないとハーディは断言する。

ヒトの化石といっしょに発掘された、人間がつくったもっとも初期の道具が、きまってまるくされた玉石を細工したものであるのも、貝や甲殻類をたたきわることが道具をもちいる道につながっていったからだとハーディは説明する。

女の由来にかくされている

こうしたことから、モーガンは、初期人類の水棲説を『女の由来』で説いた。

海に逃れた類人猿は、前進するために四つ足をつかっていたのだが、海では直立姿勢をとることに慣れた。腰のあたりまで、首のあたりまで水に浸かったことだろう。このことはうしろの二本の足で歩かなければならなかったことを意味する。その歩みは遅々たるものであったが、首を水の上にだしておくためには、それは絶対に欠かせないものだった。

頭髪だけが長く伸びるのは、鼻が下向きなのは、厚い皮下脂肪は、意識的に呼吸をコントロールする能力をもつのは、前をむきあってセックスするのは、女性の乳房が半球状――正確には哺乳瓶のようにすこし下に垂れている――なのは、出産が一人でできないほどたいへんなのは、などは水棲の名残りだとかんがえた。たとえば、女性の長い髪は、サルの赤ちゃんが母ザルの毛にしがみついているのとどうように、水中で母親にしがみつけるように進化したもの、半球状の乳房は水中で直立して授乳するためのものだ。

そのほか、大きな頭、あご、平らな足、大きな尻、短い両腕、鼻の形、涙、指のあいだの水かきの跡などについても、モーガンは熱っぽく説いている。

こうした他の霊長類にみられない特徴は、類人猿と共通の祖先から進化する過程で水棲生活に適応することによって獲得したものであるとする水棲《アクア》説である。

「水辺のサル」になった

ところで、かれらの日常の生活の場はどこなのか。それにかんする論考は、ついぞみたことがない。それをどのようにかんがえていけばよいのだろうか。

生活の場のことであるから、アシに着目してはどうだろうか。

ヒトニザルは長いアシをもったために、木の上で暮らすことはできないであろう。かといって、草原で暮らすには、長いアシは四足歩行のじゃまになったことであろう。

樹上でもなければ、草原でもない。どこなのだろうか。

モーガンは、初期人類の水棲生活を強調するあまりその日常の生活の場が水中であるかのように感じさせるが、四六時中水中生活をする真性の水棲動物だとはみていないとおもわれる。水陸を往来する仮性の水棲動物ということであろう。

草原で猛獣におそわれたとしても水中に逃げれば、恐水の肉食獣から難を逃れられる。水のなかの海獣におそわれれば浜に逃げればよい。水中にいなければならないとき、からだ全体に毛が無いから水中の動きがなめらかになる。体温調整は毛のかわりに皮下脂肪と汗腺がやってくれる。水中の砂地を足でまさぐれば、貝などの食糧を得ることができる。もちろんもぐって魚を捕ることもできる。おそわれる心配のないときは、水辺の背後にひろがる森があればそこで木の実などを採取したりすることができる。魚介類などを採集するマン・ザ・ギャザラーである。狩猟型のマン・ザ・ハンターにたいするものでもある。

すると、初期人類の日常生活の場は、水辺ではないか。

樹上のサルでもなく、草原のサルでもなく、水辺のサルで生きられた、生き延びたということである。そうでなければ、初期人類のような弱小の哺乳類はとうのむかしに絶滅していたであろうから、わたしたちがいまここに存在していることの説明がつかないのではないか。

生活空間からみれば、わたしたちは「水辺のサル」ではないか。

こうしたことがかんがえられてこなかったのは、モーガンが、いみじくも、初期人類がふたたび森に戻っていったことを「驚異的な進化上のUターン」と語気をつよめていうように、永遠に陸の生活に戻ったため、初期人類の故地のことが忘れられたからではないか。

建築学者の上田篤は、海や湖、川の水辺、つまり砂浜や洲島、さらにはそうしたものからなる水郷地帯は、かっこうのカクレガになったであろう、という（「足の呪縛」拙共編『空間の原型』）。

平らなユカと平らなアシが発達した

こうした水辺、つまり砂浜や洲島を空間的にみると、ひとつの特徴がある。それは、足もとが比較的に平らであるということだ。よちよち歩きのサルにとって、水辺は草ぼうぼうではないから見通しもよいし、行動も比較的に容易である場所である。

かんがえてみれば、わたしたちの生活空間は共通してユカが平らである。わたしたちのすまいのユカが凸凹していたり、傾いていたりすることはまずない。他の動物のすまい、つまりスとくらべてみれば、このことは一目瞭然だろう。どんなに精巧なスをつくる動物でも、そのスが平らということはない。これはわたしたち人間だけの特徴である。この特徴は、平らなユカからなる水辺で暮らしたことからくるものとかんがえざるをえない。

永遠に故地を離れたはずの水辺のサルだが、海と山からなる日本にたどり着いたわたしたちは、「驚異的な進化上のUターン」をしてふたたび水辺で生きることをよぎなくされた。そして、この平らなユカが、日本でとくに発達した。

平らなユカを大きな空間的特徴としてもつ水辺で生き延びたことは、じつは、もうひとつのものを水辺のサルにもたらした。平らなアシ、である。身体的特徴として、平らなアシを得たのである。水中では直立は得たかもしれないが、平らなアシは水辺で得て、それを発展させていったとかんがえるほうが理解しやすい。

水辺のサルは、アフリカを出て世界に展開していくが、平らなアシが日本でとくに発達した。特徴的には、裸足、素足の発達である。アフリカ起源の現生の人間は、そこを出発していくつかの経路で進化発展しながら日本列島にやってきたが、いずれも日本では裸足になっている。ということは、裸足はもともとかれらがもっていたものというわけではない。日本で獲得したものとかんがえたほうがよい。

この平らなアシと平らなユカ。それは水辺と深くかかわるものである。平らな水辺は、わたしたちの身体と生活空間を変えてしまった。それほどまでに水辺にこだわった。

水辺であれば、水陸両方の食べ物を得ることができる。水辺のなかでも、海辺と川辺の双方があるところ、いわゆる汽水域であればそれにまさるところはない。背後に山地をひかえる日本列島にはそうした水辺に欠くことはない。背後の山地は木々が生い繁る森である。わたしたちの国土のばあい、山とは森のことである。深山奥山ということではけっしてない。山からは真水が流れてくる。水辺とは、そういうところ、山というか森と切っても切れないところである。

日本では、世界のどこよりも、水辺を原点として継承した。

そして、山海に暮らしはじめた。

二――

山海に暮らして一万年

生きている大地

日本にたどり着いた「水辺のサル」の子孫たちは、どのような風景の国土をみたのだろうか。わたしたちの現在の国土は、起伏や出入りがおおく、かなり複雑な地形からなっている。そのなかに河川がつくりだす沖積地が大小、そこここにひろがっている。そのような景色をみたのだろうか。しかし、今と昔では、国土の地形はずいぶんとちがっている。すると、わたしたちの国土の形成状況をみておく必要があろう。

日本列島は、約二〇〇〇～一五〇〇万年まえに日本海がひらいて大陸から離れて生まれた。日本列島の地図は一般に北を上にして表示されているが、それを上下ひっくりかえしてみると、列島はたしかに大陸の一部であると納得させられる。それだけではない。その細長さをみれば、大陸の端っこの、まるでおまけのようである。そのころの日本列島は、地質を調べると、海に沈んでいたところがおおく、陸域はすくなかった。

そのごの隆起や沈降といった地殻変動の詳細は不明だが、約五三〇〜二六〇万年まえの時期は隆起や沈降は比較的おだやかで、陸地もなだらかな低地であったとされている。ところが、およそ二六〇万年まえころから、列島の各所で山地の隆起と平野部の沈降が起こった。それが現在の起伏のはげしい地形のもとになったとかんがえられている。

その要因は、地殻内部で起こっているもので、海側にある太平洋プレートとフィリピン海プレートが沈みこんで列島を強く押しているという、内的要因である。いまも、年に数ミリと、ほんのわずかずつだが、隆起しつづけている。

もうひとつ、地球がだんだんと寒冷化していくなかで、北半球に氷床ができていったという外的要因がある。そのけっか、約一〇万年ごとに氷期がやってきて、数万年ほど間氷期がつづき、また氷期がくるというように、氷期と間氷期の周期が明白になり、どうじに寒暖の振幅も大きくなった。そのため氷床は拡大と後退をくりかえし、氷期と間氷期とでは海水面が一二〇メートルほど上昇と下降をくりかえした。

この海水面の大きな上下なのだが、途方もない長い時間のなかでくりひろげられるから、たんに海岸線が後退したり前進したりするだけにとどまらない。とうぜん地形を改変していく。

海水面が下がると海岸線が沖に後退する。すると、いままで水面下であった沿岸地域は干あがり、陸地化してひろい海岸平野が形成される。そこに河川が流れこんで深い谷を掘りこむ。

この海岸平野は、海水面が上昇した今日では海面下に没し、大陸棚とよばれる海底の平坦地になっている。

いっぽう、気温の低下は山岳にも影響をおよぼす。山岳の森林限界が下がるのである。植生がなくなると、岩盤がむき出しになり、浸食によって山が崩れやすくなる。ために氷期には河川の上流で崩壊がはげしくなり、砂より大きい礫が大量につくられる。雨もすくないのでそれらが下流にあまり運ばれずに上流で谷を埋めて河床を高くし、平野への出口に大きな扇状地をつくる。下流では川底が深く掘りこまれているから、河川勾配はかなり急なものとなる。

この直近の氷期は、約一万年まえに終わる。大陸の氷河は溶け、海水面は急速に上昇する。すると、氷期につくられた大きな谷のなかに、洪水などで上流から運ばれてきた土砂が堆積して沖積層とよばれるあたらしい地層からなる平野がつくられる。気温が上昇して雨が降ると、谷の上流部では河川が氷期に埋めた厚い堆積物を削り、峡谷をつくるようになる。下流部では沖積層が谷を埋めているので、河床勾配はゆるやかになる。氷期と間氷期は交互にやってくるから河床勾配も変化をくりかえし、これによっていろいろな段丘がつくられることになる。

もっともはげしい海水面の上昇は、約六〇〇〇年まえ、縄文時代に起こったことから、縄文海進とよばれている。当時を想像するに、国土の四周のほとんどが水浸しの大地になったといって過言ではなかろう。

いご、海岸線が徐々に後退して現在にいたっているのだが、海に面する平坦部は、潮の干満で、一日のサイクルで海面下ともなる。平坦部が内陸深くつづくほど、干満の影響をうける範囲は大きくなる。山の岩石や土砂は、河川をつうじて扇状地や三角州、そして海に供給されつづけている。そしていまは、まだ間氷期にある。

これはもう、永遠に形成しつづける大地、生きている大地というほかあるまい。

海からやってきた

その日本の列島に、いろいろなグループの人びとがやってきた。大陸から列島が分離したのちは、海を渡ってたどり着いた。寒冷化や温暖化といった気候変動、闘争や戦乱からの逃避、亡命など、海を渡らねばならないといった事情がそれをうながしたとかんがえられる。

どのような人びとがやってきたのか。

商社マンとして世界中を歩き回った坂元宇一郎は、「日本人顔相学」というアプローチで、モンゴル型（丸顔）、北方ツングース型（うりざね顔）、中国江南型（下駄顔）、海洋民族型（ひし顔）、北方原住民型（しもぶくれ顔）の五つの典型に分類し、日本人のルーツの多様さを指摘している（『顔相と日本人』）。

建築学者の上田篤はこれに想定到達年代を重ね合わせて、縄文早期に原縄文人として北方シベリア民族、縄文前期に南方海洋民族型のコシ族、縄文中期にモンゴル型のヒナ族、縄文後期に中国江南型のアマ族、弥生にはいって北方ツングース型のアマツカミ族（のちの天孫族）が日本列島に到着したのではないかとする（『縄文人に学ぶ』）。

アマテラス（アマ族）のように弥生・古墳時代の建設に主導的な役割を果たした縄文人もいたし、ツチグモ、クズ、クマソ、エミシなどは反抗して殺され、コシ、イズモ、キなどは僻地に閉じ込められ、ハヤトは服従させられた。そういう縄文人もいた。さらには奥州平泉の藤原一族の、一七〇〇年も抵抗しつづけて滅んだ縄文人もいた。

縄文人のルーツが異なるグループ間でいろいろなかかわりというか、抗争もあったであろうことが言語の世界にもみられると、言語学者の松岡静雄は指摘する。

ヒナ（夷、ヒ（族名）ラ（接尾語）の転呼）はキ（紀）、アマ（海人）よりも先に渡来し、先住民コシ（高志）を征服したが、自己もまた新来者のアマによって駆逐させられた。それゆえに「シナ（ヒナの転呼）離《さ》かるコシ（越）」という諺ができた。コシにかかる「ヒナザカル」、ヒナにかかる「アマザカル」という枕詞をそれぞれ「ヒナ離《さ》かるコシ」「アマ離かるヒナ」として、コシ族はヒナ族を避け、ヒナ族はアマ族を避けたということである（『日本古語大辞典』）。

枕詞を諺ということは『風土記』にみられ、枕詞が諺とおなじように習慣化した決まり文句としてつかわれていたようで、それほどまでに言語の世界にも縄文人の部族の関係をしめすものが残っているのである。

コシ族は近畿山間部や九州などに、ヒナ族は東北や本州山間部に追いやられた。九州や東北も感覚的には山だとかんがえれば、逼塞したり追いやられた先は山だったといってよい。ただ、山といっても岩山やはげ山ではなく、木々の繁る森である。

こうしたルーツは、日々進化を遂げる遺伝子研究で自然科学からもあきらかになりつつある。在野の歴史研究家の関裕二は、DNAで語る日本人起源論などを平易に解説しているが（『「縄文」の新常識を知れば日本の謎が解ける』）、わたしたちは中国の漢民族や朝鮮民族にくらべれば、はるかに複雑な混血である。わたしたちのルーツは、まちがいなく、さまざまである。

海上からめだつ断層崖

しかし、たどり着いた当時の日本の列島は、すでにみたような地形だったため、上陸するところもみつからないようなせまい海岸ばかりではなかったか。

かれらは国土のどこに住んだか。それは、考古学の発掘があきらかにしてくれる。

福井県の鳥浜《とりはま》貝塚は、縄文草創期から早期をへて前期にかけて、つまり約一万二〇〇〇年から五〇〇〇年まえ、縄文時代でもかなり早い時期の集落遺跡で、しかもおよそ七〇〇〇年にわたって存続した集落である。ムラ自体は縄文前期の六〇〇〇～五五〇〇年まえが最盛期であっ

図１　しぜんと引きずりこまれるような三方五湖（出所：三方町 HP）

た（森川昌和・橋本澄夫『鳥浜貝塚――縄文のタイムカプセル』）。

場所は、若狭湾国定公園の三方《みかた》五湖のなかの三方湖の南東、南北に流れる鰣《はす》川とその支流の合流点一帯である。

大正期の河川改修と後年の洪水復旧工事で合流地点の微高地が削り取られるなどかなり改変されているが、こうした工事が遺跡発見をもたらしてくれることはよく見聞することである。

三方五湖は、三方断層が南北に走る切りたった断層崖《がい》の下、西の沈降地に水をたたえた溺れ谷である（図１）。断層崖はめだつ地形であるから、海や湖からみると、ランドマークのようにみえたのではなかろうか（拙共著『ブラジルの都市の歴史』）。

三方五湖は、北から久々子《くぐし》湖、日向《ひるが》湖、水月《みなつき》湖、菅《すが》湖、三方《みかた》湖とつづくが、三方湖は縄文時代にはさらにその南にひろがっていて、かなり大きな湖だった。鳥浜湖（古三方湖）とよばれる。久々子湖は砂丘によって海から閉じ込められた潟湖で、縄文時代には日本海の入り江であったようである。他の四湖は、江戸時代以前は独立した湖であった。

当時は、古三方湖（いまは、河川になっている）の西側にある椎山《しいやま》丘陵が西方から東方へ岬のように延びていて、鳥浜の生活空間は、その丘陵の南側斜面にくりひろげられていた。

広大な古三方湖の周辺には縄文遺跡が鳥浜遺跡をふくんで九つあり、草創期の鳥浜貝塚をはじめ、早期から晩期までの遺跡がそろっていて、さながら縄文時代の総合湿地遺跡博物館ともいうべき地域となっている。

舟をあやつる縄文人

この遺跡で、一九八一年、丸木舟が出土した。

長さ六・〇八メートル、最大幅六三センチメートル、厚み三・五～四センチメートル、内側の深さ二六～三〇センチメートル。舟体は直径一メートルを超えるスギの大木を竹を縦に二つに割る要領でつくったようで、内と外を削り、火で焦がしたりしてつくっている。舟底は平たい。そういう技術をもっていたということである。

これであれば、湖やその周辺の海域だけでなく、もっと遠くにもでかけていくことができるから、交易もおこなったのではないか。だとすると、山海で狩猟採集ばかりをしていたという縄文時代のこれまでのイメージは大きく変えねばなるまい。

そのほかにも食生活のこと、栽培植物のこと、木工技術のこと、繊維工芸技術のこと、漆工技術のことなど、かんがえさせられることがおおい縄文の生活空間である。それが七〇〇〇年もつづいたことをかんがえれば、ひとつの文明といってよいかもしれないほどのものだ。

それにしても、若狭というところは、なにかスピリチュアルなものを感じるところだ。それがどういうことなのか、うまくいえないが、なにかがあるように感じるところだ。

若狭なる　三方の海の　濱清み　い往き還らひ　見れど飽かぬかも（万葉集巻七―一一七七）

「若狭の三方湖の浜は清らかなので行きも帰りも見るが見飽きることがない」と三方湖の美しい景観を詠んだものだが、たんに景色をめでたようにはおもえない。三方湖にしぜんと引きずりこまれるように感じるということを詠んだものではないか。遺跡が位置する空間というか、場所に、である。そういうところに鳥浜の縄文の人びとは暮らしていた。

鳥浜は椎山丘陵の土砂災害で放棄され、ムラは別の場所に移ったようである。

段丘上にある集落

東名《ひがしみょう》遺跡は、佐賀県の背振《せふり》山地の南のすそ野、花崗岩からなる山地のすそ野の、国土のそここでみられる段丘上に展開された縄文早期末葉の遺跡である。そのような国土の典型的な地形での縄文遺跡の発見だから、佐賀にかぎらずおなじような遺跡が全国にもある可能性が高いことを示唆する遺跡だといえよう。

山地から流れてくる河川がこれらの段丘をこまかく分断しているが、ややあらい礫からなるこれらの段丘は排水がよい。だからミカン栽培に適している。山すそにつくられた長崎自動車道の佐賀近辺を走れば、車窓からみかん畑が目にはいる。みかん畑ばかりである。

そのまえにはこれまた他所でもよくみられる扇状地と扇状地前縁低地（緩扇状地）が小さいがひらけている。これは山地から流れる小河川によってつくられたものである。この部分は土壌の粒子がこまかいので耕作地にむいている。そのまえにひろく三角州がひろがっている。標高は低く数メートルのところがおおい。これがとても広範囲に展開しているので、低平地であることが強調されているが、わたしたちの国土でよくみられるものが大きく形成されているにすぎない。そしてそのまえに、干拓地と干潟（潮汐低地）がひろがっている。この広大さもまた低平地という意識を助長している。

そのため、低平地という言葉がなにかにつけ面前にでてしまい、よりふるい地形である山地から流れくだる小河川がつくりだす扇状地と緩扇状地の存在がうすれてしまっているのだが、東名遺跡はそうしたところにあった。いまのわたしたちは、低平地に住んでいることのほうがおおいから、よりふるい地形のことを意識のなかからしぜんに遠ざけるようになっているのではなかろうか。

この段丘は、いまでこそ相当に内陸深くにはいりこんだところにあるが、当時の地形つまり縄文海進がピークに達した約七〇〇〇年まえの海岸線の復元研究によると、当時、佐賀平野にはいくつかの切り込みがあったようで、海岸線はかなり凸凹したもので、遺跡はそのひとつの大きく切りこんだ湾のようなところに位置する。

発掘調査（佐賀市教育委員会編『縄文の奇跡！ 東名遺跡』）などによると、当時はそこに河川が流れこんでいたようで、したがって大きな河口をなしていた付近ということになる。そういうところに縄文時代の早期後葉から前期前葉にかけて人びとは暮らしていたのだ。八〇〇〇年まえころから貝塚ができはじめて、七四〇〇年まえころには住めなくなったようである。いわゆる縄文海進がピークに達しつつあるころである。海水準があがってきて放棄したのであろう。六〇〇〇年間の縄文人の生活空間である。途中に、一九〇〇年ほど居住の断絶があったようである。一時期、寒冷化がすすんだのではないかとかんがえられもする。

汽水域の生活

この生活空間の詳細な立地であるが、背振山地から延びる幅のごくせまいちょっと小高い陸続きの丘陵地（低位段丘）が海に落ちこむところにある。丘陵地といっても標高は三メートルそこそこだから微高地といったほうがわかりやすい。そこに居住域をひらいている。幅二五メートル、長さ一〇〇メートルほどの南北に細長い、ややひらけたところである。ここに墓地ももうけている。

居住域から貝塚や貯蔵穴が発見された水場までは四〇〜六〇メートルほど。両者の間の空間は、工事の器機で掘削されてしまったので正確なことはいえないが、両者の標高差が三メートルほどだから、水辺にいたる部分は大なり小なり傾斜面になっていたとかんがえてよかろう。傾斜の急なところはごみ捨てに便利だし、ゆるやかな傾斜のところから水辺に降りていって川原に貯蔵穴をつくったり、魚を捕ったりしたのだろう。

貝塚の遺物から水辺のありようもわかる。海水が行き来する潮間帯で、そこに河川が流れこみ、干潟も形成されていたようである。淡水域に侵入し汽水域でもよくみられるスズキ、クロダイ、ボラ、メナダがおおく捕れ、スッポン、ムツゴロウも捕れた。イワシの仲間、ハモ、コチ、カレイの仲間も捕れている。いっぽう、淡水魚はすくなく、アユ、コイやフナの仲間、ナマズ、ウナギなどが捕れたが、アユ以外はすくなかった。食用の貝類として、干潟に棲むハイガイ、アゲマキ、カキ、汽水域で採れるヤマトシジミがほとんどを占めた。つまり、汽水域と干潟の海の幸が中心であった。

陸続きの丘陵地では、居住地の背後にスダジイ林が沿岸部に、内陸部にむかってイチイガシ林がふえてくる。そのなかにクヌギ、ナラガシワ、ムクノキなどがすくないながら生育していた。主食のドングリ類である。また哺乳類ではイノシシとシカが大部分を占めている。山の幸もまた豊かであった。

汽水域は、山と海と川の幸を豊かに利用することができる地である。こうした場所が背振山地の南麓にずらりとならんでいる。そのひとつに、弥生時代の遺跡であるが、邪馬台国論争をなげかけた吉野ヶ里遺跡がある。

汽水域は人間にとっての生活の場、生産活動の場、水との触れ合いの場であるのみならず、生き物にとっても貴重な生息・生育の場である。そういうところに縄文人は暮らしていた。自然のなかに、自然の時間とともに暮らしていた。

いまも、汽水域の河口が居住地にある例は、わたしたちの身の回りに、枚挙にいとまがないほどある。ただ、現在の汽水域のおおくは低平地地先の河口であって、縄文の山すその汽水域とは異なっているケースがおおい。縄文のそれは、いまは、海退によってかなり内陸に位置することがおおくなっている。

その居住地のようすが知られるようになった縄文遺跡が、青森市にある。

一五〇〇年つづいた集落

青森市の郊外、八甲田山系の山麓が南から北になだれこむおだやかな丘陵の先端、すぐ北に陸奥湾をのぞむ、三内丸山《さんないまるやま》遺跡である。北側には沖館《おきだて》川が流れており、その河岸段丘に、縄文前期なかごろから中期末葉まで、およそ一五〇〇年つづいた縄文集落である。当時の平均寿命は約三〇年とされるから、とほうもないほどの世代交替をここでくりかえしたことになる。

三内丸山遺跡がのぞむ陸奥湾は当時、海水面が現在より五メートルほど高く、内陸に海がはいっていたから、当時の集落は海岸にのぞむ丘の上にいとなまれていた。

江戸時代から知られていた遺跡だが、発掘してみると、遺跡は約三五ヘクタールにもおよぶことがわかった。ほかの縄文集落遺跡とくらべると、比較にならないほどの広大さである。そのなかに竪穴住居、土坑墓や環状配石墓、高床建物とみられる掘立柱建物、大型掘立柱建物と想定される建物、大規模竪穴住居、道路、ごみ捨て場、貯蔵穴などがこれまでに発掘されている(岡田康博『遙かなる縄文の声――三内丸山を掘る』)。

長らくのあいだ、高床建物は、静岡県の登呂遺跡の米蔵に代表されるように、稲作とともに大陸からもたらされたとされてきたが、日本海側では、新潟県を中心に縄文時代の高床建物がおおくみつかっている。その高床建物がここにもあるし、大型掘立柱建物もあることは、縄文人の技術の高さをあらためてかんがえてみる必要があることをおしえてくれる。

一五〇〇年にわたってくりひろげられたこれらの施設を時期別に整理してみると、集落の変遷が浮かびあがってくる。

縄文時代前期に竪穴住居群と斜面・谷の捨て場、若干の土坑墓による集落の形成がはじまる。縄文時代中期前半期になると、前述の施設がすべてつくられ、三内丸山の集落が形をととのえ、その全盛期をむかえる。そして、縄文時代中期後半期になると、東西に延びる道路と土坑墓が大きく縮小され、それにともなう高床建物も消失し、南東に延びる道はさらに南東に延びるものの、竪穴住居群は大幅にすくなくなる。そして、約四〇〇〇年まえ、縄文時代中期の終わりごろに集落は消滅し、ふたたびここに集落がみられるようになるのは、平安時代をまたねばならない。

階層社会があったか

全盛期の集落の構成は、おどろくほど整然としている。

海につながる、すなわち集落の入り口ともいうべきところに、東西に延びる道路が、また南東にもどうようの道路が、はっきりとつけられている。しかもその両側には土坑墓や環状配石墓が整然とならべられ、そのつきあたりに掘立柱建物群と盛り土がある。

掘立柱建物は、竪穴を掘りこんだ形跡や炉がないため、高床の建物だと推測され、倉庫とか葬制に関連する施設ではなかったかとかんがえられている。盛り土は、道路などの残土が土器や石器などのつかわれなくなった道具とともに決まった場所に積み上げられてできたものではないかとされ、まだつかえる道具や日用品などもおおいため、ごみ捨て場ではなく、道具などをあの世に送るような儀式をおこなったけっかではないかとかんがえられている。

この二か所の掘立柱建物と盛り土からなるスペースは広場状になっており、そこにさらに最大のものは長さ約三二メートルという特別に大きな竪穴住居が置かれ、ひろば的スペースの北端近くには、栽培していたとしかかんがえようのないクリの木でつくった直径約一メートルの六本の柱を長方形に配置した大型掘立柱建物とかんがえられる建物が建てられている。大型掘立柱建物は神殿、物見やぐら、モニュメントなどの説がとなえられている。大型竪穴住居は集会所とか共同作業場などにつかわれたのではないかとかんがえられている。

すると、集落の奥というか、森にもっとも近いところに、ひろば的なスペースがもうけられ、そこに両側に墓をおさめた二本の道路がむかうようになっていることになる。竪穴住居群のスペースはこの二本の土坑墓付き道路のあいだにもうけられている。計画的に集落づくりがおこなわれたとしかいいようがない。

集落の形成過程をもうすこし詳しくみると、約五五〇〇年まえの縄文前期なかごろに、集落がつくられはじめ、森にはクリ林がひろがっていた。その終わりごろにはヒスイなどが運ばれてくるようになり、道路と墓がつくられはじめる。約五〇〇〇年まえの縄文中期のなかごろに、土偶がおおくなり、掘立柱建物がつくられはじめ、やがて土偶がもっともおおくなり大型竪穴住居がつくられて集落の最盛期をむかえる。そのころには、大型掘立柱建物がつくられ、環状配石墓がつくられるようになる。埋葬のあり方などをみると、なんらかの階層社会があったことをうかがわせそうである。

一大祭祀集落が母集落か

この集落がどういうものであったのか。縄文の環状集落は比較的よくいわれることであるが、三内丸山の集落は環状ではない。環状に住居群が配されて広場状のスペースを取り囲んでいるわけではない。墓をもつ道が、外の世界と結びついて、広場状のスペースをめざすという構成になっている。すると、居住用集落ではないとかんがえることもできよう。しかし、北端の沖館川の段丘崖が全期間をつうじて捨て場になっているから、人びとがここでずっと暮らしていたことをしめしている。

ただ、竪穴住居は比較的小さいものがめだち、そのなかで生活していた痕跡が薄いし、食料もいっぱんにみられるイノシシやシカではなくウサギやムササビであり、河口にあるにもかかわらず淡水のものはなく海水のものばかりである。

また、出土物は祭りにつかわれたとかんがえられるものがおおく、なかでも土偶は一六〇〇点あまり出土しており、圧倒的なおおさを誇っている。土偶は板状の十字型をしており、顔や胸・ヘソなどが表現されている。さらに、新潟県のヒスイ、秋田県のアスファルト、岩手県のコハク、北海道の黒曜石などが出土しており、他地域との交流がみられる。

この周辺の山麓にはおおくの遺跡があることを視野にいれれば、三内丸山の集落はかなり広域もふくんで、こうした集落群の一大祭場、一大祭祀集落であったかもしれない。近隣の集落群をかんがえれば、三内丸山の集落はそれらの母集落だったかもしれない。母集落とは一大祭祀集落であった可能性もかんがえられる。

縄文空間をいまに伝える東京

貝塚とくに大貝塚が分布する地域として、東京湾岸や茨木県霞ケ浦をのぞむ丘陵地が知られている。東京湾にかぎれば、東京はおおげさにいえば山あり谷ありの地形だ。地名に「や」とか「やつ」、つまり「谷」の付く場所が散見されるし、実際に歩いてみると坂がおおく、坂の大都市といってもよいほどだ。その前浜を埋め立てる以前の、ふるい地形のところにつくられた街が東京である。沖積平野におおく住むいまの国土にあって、そんな地形に一〇〇〇万人以上もの人が住んでいることは、おどろくほかない。が、かんがえてみれば、そこは縄文の時代からつかわれてきた、人をしぜんと引きつける地である。よくもそのような地を幕府の所在地としてさだめたものだと、感心してしまう。

そんな地形だから、縄文海進期には湾のかなり奥深くまで海水がはいってきていた。それを復元した地図はいくつかあるが、それをみると、海に突き出た岬とか半島の端っこのような場所が入り組んで、おおくある。まるでフィヨルドだ。ここまでひだのようにひろがっていると は、歩いているときはわからない。

それに縄文時代の貝塚などを重ねた地図をみると、岬とか半島に縄文の記憶がおおく残されていることが一目瞭然だ。

思想家で人類学者の中沢新一は、現在の東京の地図にそれを重ねて「アースダイビング・マップ」なるものを作成した(『アースダイバー』)。それをみると、岬や半島の突端部にあたるところに縄文などの遺跡地があるのだが、まったくおなじ場所に神社や寺院がつくられているから、埋め立てがすすんで、海が深くはいりこんでいた入り江がそこにあったことがみえなくなってしまっても、その記憶が継承されていることがわかる。

それは、縄文人は地形の変化のなかに霊的な力の働きを敏感に感知していたからだ、東京を歩いていて、ふとあたりのようすが変だなと感じたら、そういうところはたいてい、台地が海に突き出ていた岬で、お寺が建てられたり、広大な墓地ができたりしているが、そのあたりはかならず特有の雰囲気をかもしだしている、と中沢はいう。

霊性を感じていたかどうかはべつにして、岬を霊性というかたちで周知する。そうであれば、開発の手はそうはおよばないだろう。貝塚などの遺跡の具体的なものは失われるかもしれないが、すくなくともその場所の記憶は残る。

花綵のような山すその水辺

断層崖はべつとしても、縄文人が居住していた国土のそこここにある段丘は、たとえば神戸の六甲山の南麓に点在するそれは、高級住宅地として知られている。昭和初期、阪神間モダニズムがブームになって、高位段丘面に、芦屋の六麓荘や岡本の旧ハルマンハイツなどの高級住宅街がつくられた。縄文時代の居住地があらたな価値を得て現代によみがえったのである。

そして、東京にみる岬状の地形は、山が雨でうがたれて川となる山ばかりの国土ゆえに、海辺はいうにおよばず、内陸のそこここにも存在する。おおくはかつては海だったろう。

花崗岩でできたところがおおい列島の山やまの山すそは、花を編んでつくった綱＝花綵《はなづな》のようになった凸凹の尾根がずらりとならんでいるところがおおい。

尾根ひとつ越えると、気候も植生も変わるといわれるほどに、一つひとつの尾根は個性にあふれている。それぞれの尾根の棚田でつくられたお米は、そこの土の味がして、微妙に異なっている。そうした尾根がずらりとならんで海になだれこむ海辺が生活の場になるのはよく理解できる。

小さな尾根だから居住は小集団になる。しかし、そのような尾根がずらりとならんでいるから、それぞれの尾根に小集団が分散して居住すれば全体として一定規模の大集団が形成されることになる。これが生活空間からみた縄文時代の居住方式の主たるものではないか。

海からやってきて、こうした海からすこしあがった山すそ——それが水辺全体であるのだが——に住みつき、そこを根拠にしてふたたび海へ、そして山へとでかけていったのではないか。その全エリアが縄文人の生活のフィールドであったろう。日本にやってきた「水辺のサル」の子孫たちの初段階の生活空間である。

このようなところがあちこちにあった日本の列島、あるいはそういうところばかりの列島といってよい。わたしたちが一億総考古学者になってそうしたところを掘りかえせば、縄文時代の遺跡はまだまだ発見されるだろう。

自然がもつ時間がつくりだした海や川の水辺のちょっとした高台に、それにあらがうことなく住みついた。生きている大地からなる国土において、自然の時間のなかに身を置いたのである。そのことが縄文一万年といわれる長時間をつむぎだしたのかもしれない。

三――海が水辺をつくった

海中の絶島

ソトからみると、日本は、どのようにみえるのだろうか。

ふるい記録をたどれば、そのひとつ、西暦八〇〇年ころに編纂された中国の歴史書『漢書《かんじょ》』の「地理志」に、海中に浮かぶ国、と記されている。紀元前一世紀のころ、弥生時代中期の日本である。

大陸からみれば、海中の島々としかみえなかった、ということである。

もうひとつ、中国の歴史書『三国志』中の「魏書」第30巻烏丸鮮卑東夷伝《うがんせんぴとういでん》、略して「魏志倭人伝」には、邪馬台国の場所をめぐって論争がつづいている、そのもととなる記述があり、それればかりが強調されているが、三世紀当時、日本列島にいた人びとの習俗などが書かれている。それをみてみよう。

倭人は帯方郡の東南、大海のなかにある、山がちの島に身を寄せて、国家機能をもつ集落をつくっている。……帯方郡から倭にいたるには、海岸にしたがい水上を行く。韓国を通り過ぎ、南へ行ったり東へ行ったりし、はじめて海を渡り対馬国にいたる。対馬国は絶島で、山が険しくて深い林がおおく、道路は鳥や鹿の道のようである。良田はなく海産物を食べて自活している。船に乗って九州や韓国へ行き、商いして穀物を買い入れている。

末羅国は山と海すれすれに沿って住んでいる。草木がさかんに繁り、行くとき前の人がみえない。魚やアワビを好み、水の深浅にかかわらず、皆、潜ってこれを捕っている。

南、邪馬壹国にいたる。女王が都を置くところである。およそ七万余戸。帯方郡から女王国にいたるには、一万二〇〇〇余里である。

男子はおとな、子どもの区別なく、皆、顔と体に入れ墨している。水人は、沈没して魚や蛤を捕ることを好み、入れ墨はまた大魚や水鳥を押さえるためであったが、のちには次第に飾りとなった。

倭地は温暖で、冬でも夏でも生野菜を食べている。みな裸足である。屋根、部屋がある。父母と兄弟は別の所で寝る。赤い顔料をその体に塗る。

真珠や青玉を産出する。その山には丹（硫化水銀からなる赤色の鉱物）がある。

その国は一女子を共に立てて王となした。名は卑弥呼という。

倭地をかんがえてみると、孤立した海中の島々の上にあり、離れたり連なったり、すみずみまで巡って五〇〇〇余里ほどである。

卑弥呼は死に、冢《ちょう》（土を高く盛った墳墓のこと）を大きくつくった。直径は百余歩。徇葬者は奴婢《ぬひ》、百余人である。

ここにえがかれているのも、まったく海のなかの絶島ばかりの国、そして海の民である。それにしても、徇葬の奴婢のおおさにはおどろかされる。奴は男の奴隷、婢は女の奴隷のことである。戦争で負けた部族の人びとなどが奴婢になったのだろうか。

葦が繁る海をみつめていた

ところが、わたしたちの父祖たちのある一族——アマツカミ族系でヤマト政権をつくったとする天孫族は、ソトからみたものとはちがった風景を凝視していた。

それをみつつ、かれらはなにをかんがえていたのだろうか。

じつは、それを文字ではっきりと残している。日本の歴史を記した現存する日本最古の書物である『古事記』と『日本書紀』である。『記』、『紀』、両書を合わせて『記紀』とも称される。前書は七一二年に、後書は七二〇年に編纂された。

両書とも内容の信ぴょう性が問われて神話とみなされることがおおいが、なにか事実を伝えようとしているのではないかという目でみていくと、なにがみえてくるか。

そのひとつとして、国土の生活空間的側面に着目すれば、もっぱら山海に住んできたその最後にやってきたアマツカミ族の一族が国土をどのようにみていたかという、神の名に仮託した国土開発譚がみえてくる。

かれらは、「天地《あめつち》の初め」からはじめる。

天と地とが初めて分かれた開闢《かいびゃく》の時に、国土がまだ若くて固まらず、水に浮いている脂《あぶら》のような状態で、水母《くらげ》のように漂っているとき、葦の芽が泥土（訳文の泥沼を筆者修正）のなかから萌え出るように、萌えあがる力がやがて神と成《な》ったのが、ウマシアシカビヒコヂノ神（宇摩志阿斯訶備比古遅神）であり、次にアメノトコタチノ神（天之常立神）である。次に成り出でたのは、クニノトコタチノ神（国之常立神）、次にトヨクモノノ神（豊雲野神）である。

（次田真幸『古事記』全訳注から抜粋編集）

こういうことから歴史を語りはじめなければならなかったのが、日本、日本の国土である、というのである。国土がなかった、といわんばかりである。しかし、国土がなかったわけではない。山があった。それまでは、すでにみたように、山辺で暮らしていた。アマツカミ族も水田稲作を山地でやっているから、山がかれらの根拠であった。そこをかれらはみずから「高天原」とよんでいる。ということは、そこはかれらアマツカミ族が必要とするに足る国土ではなかったということであろう。

そこで目をつけたのが、山ではなく海である。海に目をつけたというより、葦が繁茂する海が眼前にあったというほうがただしいのかもしれない。葦というのは、偶然にも、その旺盛な成長にみるように、国土が成長する力を神格化するにはぴったりだったのかもしれない。

「葦の海」。これが「トコタチ」すなわち永久に立ちつづけることとなった。この国土のもととなった、というわけである。「水に浮いているあぶらのような」海とは、動きがとまったりする海面ということであろう。そういうところに葦が芽吹いてくる。いったい、なにのことなのだろうか。これはのちにあきらかにしよう。

そうしてできあがったものが、雲のひろがる原野、雲のようにひろがる原野である。雲がだんだんとひろがっていくようにひろがっている原野ということであろう。これが、大地が生成されるための土台となる空間である。ただ、それはまだ雲のように混沌として浮動するものであった。「トヨクモノ」という言葉にこのことが込められている。葦の海から生まれる雲のようにひろがる原野とは、なにのことなのだろうか。これものちにあきらかにしよう。

「トコタチ」の「トコ」は「常」であるとともに「床」である。とすれば、寝たり座ったりする場所のことでもあり、男女交合の場でもあるという含意がほどこされたのではないか。そこに新しいものが生まれてくる、という確信が伝わってくるではないか。

葦から国土が湧いてくる

「葦の海」が「豊雲野」になっていくさまをさらに注視して、つぎのように記している。

次に成り出た神は、ウヒヂニノ神（宇比地邇神）と女神のスヒヂニノ神（須比智邇神）である。次いでツノグヒノ神（角杙神）と女神のイクグヒノ神（活杙神）である。次いでオホトノヂノ神（意富斗能地神）と女神のオホトノベノ神（大斗乃弁神）、次いでオモダルノ神（於母陀流神）と女神のアヤカシコネノ神（阿夜訶志古泥神）。そしてイザナキノ神（伊邪那岐神）、イザナミノ神（伊邪那美神）が成り出た。（同前）

ウヒヂは泥土、スヒヂは砂土のことである。この土砂には、土砂で葦のはえる海面が固まり人びとの居処がつくられるということとともに、人が完全な形として顕現していくということがふくまれているのではないか。「ツノグイ」と「イクグイ」の「クイ」は、地面に打ちこむ杭が思い浮かぶが、ここでは芽吹いてくる葦のような植物の茎のことであろう。とともに、そのことから、身体が形成されるもととなるものを象徴するものとして「クイ」をとらえもしたのであろう。

そして人びとが住む居処が生まれた。「オホト」すなわち「大所」である。「ト」は人びとの居処であり、人体の「門」すなわち陰部、さらには性そのものであるというように、トリプルイメージを込めたとおもわれる。

かくして葦から湧いてきた国土の表面が満ち足りていくとともに、顔立ちや体つきがととのって身体がそなわり、男女交合の兆しができていった。「オモダル」と「アヤカシコネ」がそれである。そして、最後に、イザナキとイザナミが登場する。ちなみに、『記紀』を読みすすんでいくと、イザナギは新来住者のアマツカミ族、イザナミは以前から国土に暮らす一族出身であることがわかってくる。

佐賀平野をみたか

『古事記』のここまでの記述は、葦が繁る海と、その海が土砂によって大地になっていくさまをえがいている。その記述内容からかんがえると、自然の土地形成を記したものである。

すると、それは、頭のなかでかんがえたことではなく、どこかをみて、あるいはどこかの風景を思い起こして書いたのではないか。全体として神々の名前にみるような抽象的なことばで語られているなかで、「水に浮いているあぶら」「くらげ」「葦の芽が萌え出る」と、具体的なことばからはじめている。それは、じっさいにそうした風景をみていなければ書けないことである。

では、それはどこか。

国土のそここにどうようの風景はあったとおもわれるが、そのひとつとして佐賀平野が浮かびあがってくる。別名、筑紫《つくし》平野である。

というのは、のちにふれる根拠とさだめるべき地をもとめてアマツカミ族が出雲へ進攻したのちに、出雲にとどまらずに九州にむかい、筑紫の日向の高千穂、クジフルタケ、それは福岡市と糸島市の市境にある日向峠付近とかんがえられているが、そこに「地底の盤石に太い柱を立て、天空に千木を高くそびえさせた壮大な宮殿を建てて住まった」と、『記紀』は記しているからである。佐賀平野はそこから山を越えればすぐ目の前にひらかれている。後述するが、この記述のすこしあとに書かれた部分も、現在の佐賀平野と重ね合わせれば読み解ける。

内湾の有明海の最奥にある佐賀平野のまえにひろがる海は、潟である。水自体は透明だが下の泥土がまっ黒で、動きがとまったようなおだやかな海だから、たしかに「水に浮いているあぶら」のようにみえる。内湾ならではの光景である。それはおそらくいまもむかしも変わるまい。葦の海は潟ならではの光景である。

そこにどのような大地が生まれたか。現在の佐賀平野でもいいのだが、いにしえの佐賀平野に思いをはせて『記紀』を追体験してみよう。

雲のようにひろがる原野があった

佐賀平野に残る遺跡、とくに弥生時代のそれは、そこで生活をくりひろげた人びとの存在とそのありさまを断片的に語ってくれるが、この地に足を踏みいれた先人のことが伝説としてだが具体的かつ立体的に伝えられている。徐福《じょふく》伝説である。

徐福は秦代の中国からやってきた。弥生時代前期、紀元前二二〇年ころのことである。佐賀市諸富《もろどみ》町にそれが色濃く伝えられている。どうようの伝説は全国各地にあるし、あくまでも伝説なのでその真偽のほどは不確かだが、すくなくともその地がどのようなところであったかはしめされているとかんがえてよかろう。

徐福の渡来は、中国前漢の武帝の時代に司馬遷によって編纂された中国の正史の第一に数えられる『史記』に記されている。ただ、徐福にかんしてはその真偽をめぐってさまざまな議論がある。

徐福は、秦の始皇帝に、はるか東の海にある仙人が住む山に行って不老不死の薬をもとめたいと申し出た。願いがかなって、若い男女など三〇〇〇人を連れて金銀珠玉に飾り立てた船二〇艘で蓬莱《ほうらい》の島をめざした、というのである。このように伝えられているが、戦乱から逃れて

図２　豊雲野をほうふつとさせる佐賀平野の干潟。澪筋がある干潟のさきに有明海がみえる（撮影：後藤隆太郎）

きた亡命者の一団ではなかろうか。

　そして佐賀平野の先端にたどり着いた。ここからは、佐賀における伝承が語る。上陸地点一帯は、広大な干潟の先端にあたるところで、葦が繁茂していた。葦原をかき分けて上陸したので、片方しか葉がつかない片葉の葦がここに繁茂するようになった。

　上陸地点近くの堀（クリーク）をめぐらした集落に、新北《にきた》神社がある。神社自体は六世紀ころの創建と伝えられているが、境内には樹齢二二〇〇年ともいわれるビャクシンの古木がある。ビャクシンの種は徐福が中国の江南から五穀、金銀、農耕器具、五穀百工（技術）とともにもってきたとされる。

　一行は、ここから北にむかった。めざすは、不老不死の仙薬があるという金立《きんりゅう》山である。蓬莱山に似ているとする山である。その手前に、千布《ちふ》というところがある。広大な葦原の干潟ばかりで歩きにくかったので、もってきた布を地面に敷いてその上を歩くことにした。ちょうど千反の布をつかったので、そこを千布とよぶことにした。千反とはかなりの距離である。

ということは、上陸地点から山際まで、葦が繁茂する一大湿地帯の干潟であったということである。このことは、古環境学による地下情報からもあきらかにされている。佐賀平野はみ渡すかぎり湿地帯の干潟であった。まさに「トヨクモノ」、雲のようにひろがる原野であった（図2）。

そこに、山からの川筋と海からの澪筋とが結びあってやがて水路が生じる。乱流する川と澪筋との結びつきはあちこちにでき、その支流も生まれ、そのけっか水路がまるで水網のように張りめぐらされた一大低平地ができあがる。つねに水が行き来している広大な地である。それは大地というより水辺であるといったほうがよい。「海が水辺に変わった」のである。そんな大地が生まれた。

干潟を行き来する淡水

そこにまず井戸を掘ってかれらの生活空間としていった、と徐福伝説はいう。そこが寺井という地名として残っている。『古事記』も、生活空間にしていくさまを住居、それも家屋造営にかんするものからはじめている。岩と土の男神と岩と砂の女神、家の戸口とかんがえられる神、屋根に茅を葺く意をもつ神、できあがった家屋の神、そして屋根が風で吹き飛ばされないようにささえもつ神である。まずは住むところの確保、ということである。柱にかんする神が記されていないので、この住居は竪穴住居あるいは平地住居ということであろう。
つぎに、海と川にかんするものが語られている。

海といっても海そのものではなく、海を主宰するオオワタツミノ神（大綿津見神）であり、河口をつかさどる、海に流れこむ水を呑みこむ二神である。この二神が川と海を分担して、水面に立つ泡、水面、水分《みくまり》、水を汲む瓢《ひさご》をうけもつ。

河口における川と海の両方にかかわる泡、水面、水分、瓢。これはなにをいおうとしているのだろうか。

これに佐賀平野を重ねてみよう。佐賀平野では、山から川を流れてくる淡水が海に流れこむのだが、比重の軽い水が上げ潮に乗って泡立ちながらふたたび川をのぼってくる。その水面を注視して海水と淡水の水分をみきわめ、淡水《あお》をくみ取ってきた。

これを「アオ取水」といい、佐賀平野では近年までおこなわれていたもので、淡水のさかのぼりはいまも毎日みられる自然現象である。佐賀平野ではこれを最大限つかって、農業をいとなみ生活水としてもちいてきた。ちなみにアオ取水は佐賀平野だけでなく、列島のあちこちでみられたものである。海と川の記述は、このことではないか。

風、木、山、野の神、そして最後に

川と海のつぎに語られるのが、風の神、木の神、山の神、野の神である。そして、山と野の神が分担しあって生んだのが、土の神（アメノサヅチノ神とクニノサヅチノ神）、霧の神（アメノサギリノ神とクニノサギリノ神）、谷の神（アメノクラトノ神とクニノクラトノ神）、そしてオホトマトヒコノ神とオホトマトヒメノ神（名義不詳）である。

いずれも風などそのものではなく、それぞれをつかさどる神としてえがかれている。とすれば、さきの川と海の神とどうように、生活に有用な、目の前にあらわれた具体的な事象を伝えようとしているのではないかとおもわれるが、それを想起させてくれる光景はみつからない。ただ、風と木がさきにあげられていることになにかヒントがありそうである。

木ということをすなおにとれば、船そして木をつかった構築物が思い浮かぶが、ほかの神との関係がはっきりしない。

そこで、想像をたくましくすれば、山の土のことと山が崩れて谷になったりするさまを伝えようとしているのではないか。列島は崩れやすい花崗岩でおおく形成されているが、山の花崗岩には砂鉄がふくまれており、それが地表面に露出したり自然に崩れて谷に流れこんだりする。それがあちこちにみえる。風と木が最初に記されているのは砂鉄の製錬との関連を伝えようとしたのではないか。製錬には木（燃料）と風（ふいご）が必要だからである。風化した花崗岩を削り取って水路に流すかんな流しによって砂鉄を採取することは弥生時代からみられるとされている。もうひとつは、焼き畑ということだ。金属と焼き畑は関連が深いとおもわれる。

そして最後に、トリノイハクスフネノ神（鳥之石楠船神）、またの名はアメノトリフネ（天鳥船）を、次にオオゲツヒメノ神（大宣都比売神）を、次にヒノヤギハヤオノ神（火之夜芸速男神）、またの名はヒノカガビコノ神（火之炫毘古神）といい、またの名はヒノカグツチノ神（火之迦具土神）を生んだ（同前）。

飛ぶようにはやくすすむ船、穀物や食物、火の焼く威力・火の輝く威力を神格化した光り輝く火。これらはみたというより、自分たちで生んだ、つまりかれらがたずさえてきた船と穀物と火ではなかろうか。それまでの神が自然そのもの、あるいは自然現象であったが、ここではそうではなくなっているからである。ちなみに、飛ぶようにはやくすすむ船とは、アウトリガーの船のことであろうか。

これで一連の「神生み」は終わる。これがイザナキノ神とイザナミノ神の「国生み」と「神生み」の到達点である。

それは、葦原の豊かな海の水辺をこれからの根拠地にして、そこでかれらの船と穀物と火を展開するということである。山と海という国土をしっかりみたうえでの到達点である。けっして空想ではない。神という名を借りて、これからの国づくりを『記紀』は冒頭から語ってきたのである。

山と海からなる国土の開発という生活空間的側面に着目すると、このようなことがみえてくる。わたしたちの水辺へのこだわりというか、わたしたちの水辺とはなにかということを読みとることができる。

あらたな国のイメージ

しかし、これで終わりではない。これらをどのようにつかうのか。さらにつづく。

ヒノカグツチノ神を生んだために、イザナミノ神は、陰部が焼けて病の床に臥された。そのときの嘔吐から成った神の名は、カナヤマビコノ神（金山毘古神）とカナヤマビメノ神（金山毘売神）である。

次に糞から成った神の名は、ハニヤスビコノ神（波邇夜須毘古神）とハニヤスビメノ神（波邇夜須毘売神）である。次に尿から成った神の名は、ミツハノメノ神（弥都波能売神）とワクムスヒノ神（和久産巣日神）である。このワクムスヒノ神の子は、トヨウケビメノ神（豊宇気毘売神）という。そしてイザナミノ神は、火の神を生んだのが原因で、ついにお亡くなりになった（同前）。

これらの神は生まれたのではない。「神生み」を終えたイザナミノ神の嘔吐物や排泄物が変わったのである。ということは、生み終えた諸物をもちいる段階にはいったことをしめしているのではないか。

それは、嘔吐から鉱物、糞からは土器をつくる最良の赤黄色の粘土、尿から灌漑用水と農業の生産、そして食物をつかさどることである。

嘔吐と鉱物との関係は、鉱石を火で溶かしたようすからの連想、あるいは食物が人の腹中で成り変わったものが嘔吐物ととらえ、鉱石が火の力によって金属になることの表現とみることができよう。糞が粘土になるのは、ねやした（練って柔らかくした）埴（にわ。土器などの材料となる粘土）が糞に似ていることからの連想かもしれない。そして、尿が灌漑用水になったこと、農業生産に結びついたこと、そして食物あるいは稲をつかさどることについては、説明の必要はなかろう。

金山はおそらく鉄鉱石のことであろう。鉄を採り、粘土でたたら窯をつくってそれを精錬し、それからつくった鉄器をもちいて干拓や灌漑をはじめて農業生産をおこなう、と読みとることができよう。

こうした国づくりをこれから展開するということである。イザナミノ神がなくなったということは、ひとつには、これで国づくりの区切りができたということではないか。

出雲の葦原の中つ国

そのような地が、すでにあった。出雲である（『記紀』）。『記紀』の神代篇は、その三分の一ほどが出雲の記述にむけられている。それほど、当時、出雲は注目すべき先進の地だったということである。

その出雲を、『記紀』は「葦原《あしはら》の中《なか》つ国《くに》」とか「豊葦原《とよあしはら》の千秋長五百秋《ちあきながいほあき》の瑞穂《みずほ》の国《くに》」とよび、粟・稗・麦・豆を畑の種とし稲を水田の種として、畑作と灌漑稲作の両方をおこなって豊かに農業がいとなまれている国と記している。

そのような出雲は、長いあいだ、存在しないとおもわれてきた。神話の世界が先行して、それを証明する物的な証拠などでてこないとみられていたからである。ところが、昭和五九（一九八四）年八月一七日、島根県出雲市斐川町神庭の小さな谷間から弥生時代中・後期のものとみられる銅剣三五八本が、翌年にはその近くから銅戈一六本、銅鐸六個などが発見され、かつて出雲に一大勢力が存在し、のちに消滅したとかんがえられるきっかけになった。丘陵の斜面に位置する荒神谷遺跡がそれである。弥生時代中期後半に製作されたとみられる同一の形式の大量の銅剣がていねいに埋設されたようすは、その意図をめぐってさまざまな論議をよぶこととなった。

この発見によって、『記紀』に記されている出雲のことがにわかに現実のものとしてとらえられるようになった。それだけでなく、発掘された銅剣の数はそれまで全国で出土した総数を超えるものであったことから、出雲の巨大さがあらためて着目されることとなった。だから、『記紀』は、実在の出雲をもとにしてそれまでの歴史を「神代」として記録にとどめたということである。

その出雲とは、どのようなところか。

どうやら、もともとから農業が豊かな地であったわけではないようである。「国づくり」つまり国土開発をやって豊かな地に変えた、ということが『出雲国風土記』に記されている。国の形は東西に細長い布のようであったので、あちこちから「国」を引き寄せて「狭布《さぬ》の稚国《わかくに》」に縫い合わせたという「国引き神話」である。

これは『記紀』には記されていない。『記紀』が社会全体を客観的に記す通史であるのにたいし、『風土記』は人びとの生き方などが生々しく語られる列伝である。その『風土記』に記された「国引き神話」は、そうした事実を語っているのであろう。

じっさい古代には、こんにちの島根半島は島であった。それが、日野川や斐伊川、神戸《かんど》川などの河川が山から土砂を海に運び、それが泥土になって潮の干満によって葦原にからみついて堆積していくということなどをくりかえして、泥土が河口などを埋めていって、現在の美保湾、中の海、宍道湖が生まれ、稲佐の浜ができていったとかんがえられる。島と陸の間の海が一部、大地になってつながったということである。

もちろん、「ヤマタノオロチ神話」として伝えられているように、鉄の国でもある出雲だから、自然の力にくわえて人間の営みもくわわった干拓であったであろう。『古事記』には、出雲を治めていたオオクニヌシと、出自不詳のスクナヒコナの二人が力をあわせて「この国を作り固めた」ことが記されている。おそらく葦が繁茂する海であったであろうとおもわれるが、海を水辺に変えて、それを農業地にしたのである。

それが、かれらが「葦原の中つ国」とよんだ国である。

それは、山と海の国にあって、はじめて獲得した水辺、低平な大地であるといってよいかもしれない。この平らな水辺が以後のわたしたちの大地のみならず、生活空間をさまざまに規定していくことになる。わたしたちの国にとってそれほどに画期的なことであった。

お米が海の水辺に目をつけた

この「葦原の中つ国」を、のちに日本の国をつくりあげることになるアマツカミ族が手にいれた。その目的は、この低平な水辺で豊かな農業、とくに水田稲作を広範にくりひろげ、稲作国家を樹立しようとするものであった。そのために海の水辺、「トヨクモノ」に目をつけた。

『記紀』の「天地のはじまり」が記そうとしたことは、「お米が、海がつくりだす広大な水辺に目をつけた」ということであった。水田稲作を大規模に展開するにふさわしいところ、それは海の水辺であった。

それをもとめての葦原の中つ国の出雲の平定は、「大国主神の国譲り」ともされるが、じっさいはアマツカミ族の武力による占領である。何度か平定をこころみたがうまくいかず、最後は武力で出雲を平定したという（『記紀』）。

そのときの降伏の条件が、「私の住む所は、天つ神の御子が皇位をお継ぎになるりっぱな宮殿のように、地底の盤石に宮柱《みやはしら》を太く立て、大空に千木《ちぎ》を高々とそびえさせた神殿をお造り下さるならば、私は遠いとおい幽界に隠退しておりましょう」というものだった。そこで、出雲の国の多芸志《たぎし》の小浜に神聖な神殿をつくって、海の産物から鑽《き》り出した火で、その御殿を煤《すす》が長々と垂れさがるまでさかんに焚き上げ、地の下は地底の盤石に届くまで焚き固まらせた、という。

この壮大な建物は現在の出雲大社に比定されており、現在の高さは八丈（二四メートル）である。ただ、巨大な建築をつくったという言い伝えがあるものだから、その存在の有無もさることながらその高さをめぐってふるくから議論され、一六丈（四八メートル）だったとも三二丈（九六メートル）だったともされてきたが、根拠に欠いていた。

ところが、平成一二（二〇〇〇）年、出雲大社の境内から、一本が一メートルを超える直径の巨大な柱三本を鉄の帯板で束ねて一本にした、宇豆柱《うず》とみられる巨大柱の遺構が発見された。出土遺物から、一二世紀から一三世紀ごろ（平安時代末から鎌倉時代）の本殿とかんがえられている。これは江戸時代に本居宣長が随筆『玉勝間《たまかつま》』に設計図を載せて提唱したもので、それがじっさいに確認されたのである。そればかりか、その巨大さが現実味をおびることになった。

その用途がなにだったか、いろいろ議論されているが、稲作国家樹立のモニュメントということでいいのではないか。日本にも、先史時代のモニュメントがあっていい。これは、さきんじて農業国家を樹立していた古代出雲の墓銘碑であるとどうじに、海を水辺化した一大モニュメントであり、あらたに水田稲作国家の樹立をめざした最初のモニュメント、ということができよう。

巨大な柱痕が出雲大社の境内からみつかったということから、この巨大な構築物が神社建築であるとすれば、全国各地に星のようにある神社の原型ということができよう。稲作国家の象徴ともいうべきモニュメントでうずめつくされた国土である。

出雲を見捨てた

それほど恋いこがれ、それほどまでに苦労して手に入れ、一大モニュメントまで建てた「葦原の中つ国」の出雲だが、アマツカミ族は、出雲に根を下ろすことなく、ただちに筑紫に発ってしまう(『記紀』)。

なぜなのだろうか。

じつは、スクナヒコナとともに出雲の国づくりをすすめていたオオクニヌシだが、どういうわけだか途中でスクナヒコナが姿を消してしまい途方に暮れていると、海上を照らして近寄ってくる神があった。その神は、「わたしの御魂を丁寧に祭ったなら、あなたに協力して、共に国づくりを完成させよう」と仰せられた。「御魂をお祭り申しあげるには、どのように致したらよいのですか」と問うと、「わたしの御魂を、大和の青々と取り囲んでいる山々の、その東の山の上に斎み清めて祭りなさい」と答えて仰せられた。大和に行け、ということである。「葦原の中つ国の平定」の前のことである(『記』)。

これはどういうことなのか。

出雲族は平定前に大和に移住していたということではないか。じっさい、大和には出雲の地名がおおくある。

その理由を、建築学者の上田篤は、当時、気候の寒冷化にともなって作物が採れなくなり、より暖かい国をもとめて瀬戸内海沿岸や近畿地方南部にむけて大移動を開始した、と推測する(『私たちの体にアマテラスの血が流れている』)。

出雲の枕詞の「八雲立つ」とは、雲が幾重にも折り重なっているさまのことである。「八雲

立つ　出雲八重垣　妻籠みに　八重垣作る　その八重垣を」（『記』）という歌はよく知られているが、三度もくりかえされる八重垣の意味がはっきりしない。最初のひとつは出雲平野を取り囲む緑の山々のことであろうが、そこは「八雲立つ」地だということである。雲がおおいことは雨がおおいことでもあるから稲作には重要だが、どうじに日照がすくないことでもある。これは作物の栽培には大きな痛手である。そんな出雲だから、当時の先進地である北九州以上に寒冷化の影響が大きかったのだろうということである。

とすれば、平定を終えた出雲は、もはや稲作に適した土地ではなかった。もぬけの殻も同然の地であった。そんな国を平定したことになる。

そのため、アマツカミ族の根拠地のしるしとしてあの壮大な建物を出雲に建てたのだが、その理由をオオクニヌシの降伏の条件に転化したのではないか。

平定してそれに気づいたアマツカミ族は、出雲に天降ることなく、つまりとどまることなく、ただちに筑紫の日向の高千穂に天降って、出雲で建てた宮殿とおなじ、太い宮柱の上に千木を高くそびえさせた壮大な宮殿を建てて天孫降臨した、つまりそこを根拠地にした。

その理由を「この地は朝鮮に相対しており、笠沙《かさ》の御崎にまっすぐ道が通じていて、朝日のまともにさす国であり、夕日の明るく照る国である。だから、ここはまことに吉《よ》い土地だ」（『記』）という。かれらはそれまで高天原にいた。山のようなすこし高いところということであろう。

それがどこなのか比定することはむつかしいが、日向の高千穂もおなじようなところかもしれない。平地にくらべ安全なところということかもしれない。そして佐賀平野、筑紫平野をみた。

そこを根拠地にして、薩摩の笠沙の御崎に出かけ、妻問いをして現地の一族と婚姻関係をむすび、勢力をひろげていく。妻問いは平和裏に征服する方法でもある。

その筑紫も薩摩も捨てた。そして、その子孫たちが九州を後にして「四周を緑の山で囲まれたよき地」大和をもとめて東へ東へとむかっていく。「神武《じんむ》東征」である（『記紀』）。出雲を平定した数代あとのことである。

筑紫でも薩摩でも、かれらがそこでどのような行動をとったか、おおくを語らない。なにがあったのだろうか。九州のことを「膂宍《そしし》の空国《むなくに》」と記すだけである（『紀』）。「肉の乏しい背筋のような、やせた土地の国」ということである。それゆえに九州を放棄したということであろうか。

それにひきかえ、大和は、そんなによい地だったのだろうか。

四――内陸の湖を蹴裂いた

海中の島のなかは

海中の絶島といわれたわたしたちの国土。あらためてそれをみると、海というか、海岸線はたしかに長く複雑多彩だが、山もそれにまけずおとらずに複雑である。それは、日本列島のなりたちと深くかかわっている。

大陸から離れたころ、列島は東西に平らにひろがっていた地形であったという。中央構造線はそのころからすでにあった。中央構造線とは、九州の八代から徳島、伊勢をへて諏訪の南を通り、群馬県の下仁田、埼玉県の寄居付近でも確認される、陸地を連続して一〇〇〇キロメートル以上走る大断層である。

その列島が、西南日本では北のユーラシアプレートと南のフィリピン海プレートとが押し合い、東北日本ではユーラシアプレートと東の太平洋プレートとが押し合って、西南日本では地形が隆起して中国山地と四国山地になり、陥没して瀬戸内海が誕生した。東北日本では東西に延びていた地形が東北方向にゆがめられて、列島は逆「くの字」になり、その曲げられたところが陥没して海になった。それがフォッサマグナである。中央地溝帯とか大地溝帯とよばれる。そのため中央構造線もいまのように曲がった。いまから一七〇〇万年前後のこととされる。

そのショックで、山のそこここにキズというか割れ目やズレが生じた。中国地方から近畿地方にかけて盆地がおおくみられるのも、割れ目やズレがもとになって生じたものである。

いっぽう、フォッサマグナでは、マグマのはげしい活動によりすこしずつ盛りあがって、海は日本海側と太平洋側に分かれた。一二〇〇万年まえ、松本あたりまで日本海であった。四〇〜五〇〇万年まえに松本盆地、長野・飯山盆地、上田盆地などが生まれた。そして佐久・小諸・上田・長野などを先行川（山地の形成以前に流路が決定されていて、現在はその山地を横切って流れる川）の千曲川がつないだ。

こうした盆地は、全国で三〇〇をゆうに超えよう。

盆地に目をつけた

盆地のことを記した最初の記録が、『日本書紀』の、先史を語り終えたつぎの冒頭に記された「神武紀《じんむ》」にある。

出雲を平定したアマツカミ族の一族は、ただちに筑紫にはいり、そこで、「東のほうによい地がある。青あおとした山が取り巻いている。そのなかへ天《あま》の磐舟《いわふね》に乗って、飛び降ってきた者がある」と聞き、「その土地は大業をひろめ天下を治めるによいであろう。きっとこの国の中心地だろう。その飛び降ってきた者は、饒速日《にぎはやひ》というものであろう。そこにいって都をつくるにかぎる」と、東方にあるその地にむかったという東征の項である。饒速日というアマツカミ族に属する人物がすでに住んでいることもその決断を後押ししたということであろう。そこをめざせばよい。

そして筑紫を出て、瀬戸内を抜け、浪速国の難波に着き、そのあとの戦闘で兄弟を失ったり苦労してたどり着いたのが、大和盆地である。「よい地」とは奈良盆地のことだったのである。内陸の奈良盆地が水田稲作を存分に展開するにふさわしい場所として、最終的にえらばれたのである。

筑紫を出てから一六年かかったという。あまりにも長い時間である。『魏志倭人伝』に倭国大乱のことが記されているが、たしかに瀬戸内には高地性集落が点在している。瀬戸内は、散在する盆地にいろいろな一族が根拠を置いていて、戦争状態があちこちでみられる、かなり危険なところであったかもしれない。海をつかってもかんたんには通れなかったということなのであろうか。あるいは「よい地」をさがしてあちこちをまわっていたのだろうか。筑紫などに根拠を置く諸族がぞくぞくと瀬戸内をとおって東をめざしたのかもしれない。ともあれ、やっと手にいれた地ということである。

そして、

東征についてから六年になった。……皇都《みやこ》をひらきひろめて御殿を造ろう。しかしいま世の中はまだ開けていないが、民の心は素直である。人びとは巣に棲んだり穴に住んだりして、未開のならわしが変わらずにある。そもそも大人《ひじり》（聖人）が制《のり》を立てて、道理が正しく行われる。人民の利益となるならば、どんなことでも聖の行うわざとして妨げはない。まさに山林を開き払い、宮室を造って謹んで尊い位につき、人民を安ずべきである。……国中を一つにして都を開き、天の下を掩《おお》いて一つの家とすることは、また良いことではないか。見ればかの畝傍《うねび》山の東南の橿原《かしはら》の地は、思うに国の真中《もなか》である。ここに都を造るべきである（宇治谷孟『日本書紀』全現代語訳）

と、都づくりに着手し、神武大王《おおきみ》が即位したという。

その後、神武大王が即位して三十有一年、腋上《わきかみ》の嗛間《ははま》の丘（いまの御所市東北部付近か）に登られ、国のかたちを望見していわれるのに、「なんと素晴らしい国を得たことだ。狭い国ではあるけれども、蜻蛉《あきつ》（トンボ）がトナメ（交尾）しているように、山やまが連なり囲んでいる国だなあ」と。ここに「秋津洲《あきつしま》」の名ができた。日本の異名のひとつである。

とすると、東征の目的をかんがえれば、水田稲作に適したところとして大和盆地に目をつけたということなのだが、どうやら山やまに囲まれていること、それが最大の理由ということのようである。倭国大乱の時代のなせることか。あるいは、青葉のマナに守られた安住の地というか、安全な地であることにあらためて気づいたということであろうか。

内陸の低湿地だった

稲作国家の樹立宣言をした大和盆地だが、それがどのようなところだったのか、『記紀』には記されていない。が、当時の大和盆地の景観は、地質学の知見からあきらかになる。

いまから三〇〇万年まえ、甲賀湖（古琵琶湖）が古瀬田川を通って流れこんで大和湖ができ、中央西端にある亀の瀬から河内方面へ流れていた。ところが、二〇〇万年まえに二上山の噴火で山体崩壊が起こって亀の瀬が埋まって流れだすことがなくなった。一五〇～一〇〇万年まえ、地殻変動で生駒山地、金剛山地、大和高原が隆起し、古瀬田川の水が大和湖に流れこまなくなったが、亀の瀬から河内に大和川が流れるようになったようである。

そして、一万年まえからすこしずつ水面が低下し、縄文時代の六〇〇〇年まえころには水面標高は七〇メートルほどになっていた。その後の縄文海進の影響はなかった。このように推定されている。

周囲の山地からの河川による淡水湖の大和湖は、この時期、湖面は山際までせまっており、東の大和高原の山すそを縫うようにして走っている山辺《やまのべ》の道《みち》は湖岸線であったとかんがえられる。

弥生時代の二五〇〇年まえには、水面は標高五〇メートルになった。亀の瀬からすこしずつ湖水が流れ、数千年かけて湖面がおよそ二〇メートル下がったことになる。大和盆地の南部から東部、北部にかけて盆地底があらわれていたが、西部にある亀の瀬に流れこむ大和川のまわりはかなりの範囲にわたって湖のままであった。法隆寺がほぼその標高に位置し、大規模な多重の環濠集落である唐古《からこ》・鍵《かぎ》遺跡は湖畔にあった。

そして、いまからおよそ一四〇〇年まえ、七世紀には大和湖は干あがり、ほぼ現在の状態になっている。盆地の最低部にあたる標高が三〇メートルほどだから、一〇〇〇年ほどのあいだに二〇メートル下がったことになる。七〇メートルから二〇メートル下がるのに数千年かかっていることをかんがえれば、急速に陸化したことになる。

こうしたことからかんがえれば、神武大王たちが大和盆地にたどり着いたとき、大和盆地はまだまだ大きな湖だった。陸地になっているところも、諸河川が山地から流れこみ、亀の瀬からの湖水の流出はきわめて緩慢だっただろうから、水郷地帯のような状態にあったのではないか。

当時のようすをうかがうことができるとおもわれる歌が伝えられている。『古事記』に記された、三島の湟咋《みぞくい》（現在の大阪府茨木市三島あたり）の土地の豪族の娘が宮中に参内したときの神武大王の歌である。

葦原の　しけしき小屋《をや》に　菅畳《すがたたみ》　いやさや敷きて　我が二人寝し

（葦原のなかの荒れた汚い小屋に、菅《すげ》の蓆《むしろ》を清らかにすがすがしく敷きつめて、わたしたちは二人で寝たことだ）

その娘の家は狭井《さい》河（大神《おおみわ》神社の摂社の狭井神社の北を流れる川）のほとりにあった。大王はそこにおでかけになって、一夜お休みになったのだが、そのときの妻問いの歌である。それは葦原のなかの家であった。

時代はすこしあたらしくなるが、舒明《じょめい》大王が大和の香具山に登って国見をしたときの歌が、『万葉集』にある。七世紀前後のことである。

大和には　群山《むらやま》あれど　とりよろふ　天の香具山　登り立ち　国見をすれば

國原《くにはら》は　煙立ち立つ　海原《うなはら》は　鷗《かもめ》立ち立つ　うまし國ぞ　蜻蛉島《あきつ》　大和の国は

『万葉集』巻一―二

「大和の国には群がる山やまがあるが、なかでもとくにうつくしくとりよそおう天の香具山に、登りたって国見をすると、ひろい国土には、炊煙がさかんにたちのぼっている。海原にはかもめがしきりに飛び立っている。素晴らしい国だ。（あきづ島）大和の国は」と歌ったのである。

のちにふれるが、大和盆地にはいまでもため池がおおい。大和湖の名残りのため池もあるかもしれない。そのことから察すると、ここでいう海原とは盆地のそこここに点在するため池のことであろう。それが連なるさまは、海原といってよいのかもしれない。

『万葉集』にはもうひとつ、当時の大和盆地をうかがうことができる歌がある（巻一九）。

壬申の亂の平定せし以後の歌二首

4260　皇《おおきみ》は神にし坐《ま》せば赤駒《あかごま》の腹這《はらば》ふ田ゐを京師《みやこ》となしつ

（天皇陛下は現人神《あらひとがみ》でいらっしゃるから、赤駒さえも腹まで水に浸かる深田を、立派な都になさったよ）

右の一首は、大将軍贈右大臣大伴の卿の作れる。

4261　大王は神にし坐せば水鳥の多集く《すだく》水沼《みぬま》を皇都《みやこ》となしつ〈作者未詳〉
（天皇陛下は現人神でおいでになるから、水鳥が群れ騒いでいる沼地でさえも、立派な都になさったよ）

右の件の二首は、天平勝寶四年二月二日聞きて、すなわちここに載す。

深田や沼地を都にしたというから、大和湖から水が抜けたあとも、大和盆地はかなりの湿地帯であったことが察せられる。

溜池と小河川を利用して

弥生時代から古墳時代（三世紀末ころから七世紀前半ころ）にかけて、各地で小地域ごとの部族国家が連合しはじめる。やがて前方後円墳に代表されるような階級支配がすすむ。その大きな経済基盤となったのは、溜池築造を中心とした乾田開発の拡大だとかんがえられる。水のかからない微高地や原野を鉄製農耕具で開墾し、あたらしく上方の谷間や小川などに小さな堰堤をもうけて水を貯え、微傾斜を利用して水稲耕作をおこなう溜池灌漑が普及したとみられる。奈良盆地の周辺山麓などにある集落は、おそらくこのころからひらけたのであろう。農学者の旗手勲は、このように推測する（玉城哲・旗手勲『風土――大地と人間の歴史』）。

そして、用水の乗りやすい緩傾斜の小規模な谷底平野や扇状地などに水田開発がひろがり、さらにこれまで未開発であった山麓前面の平地へひろがっていったとみられる。大和川支流沿いの扇状地、あるいは飛鳥地方の山麓などである。鉄製農耕具を集中し、多数の労働力を駆使できる地域の支配者がその推進者となった。

大和盆地を流れる大和川のおもな支流は全長三〇キロメートルにもみたない短小河川である。くわえて大和盆地は少雨地帯であるため、集中豪雨時以外は水量はきわめてとぼしい。だから、治水技術が未発達な古代でも、豪雨時などをのぞけば、河川は比較的コントロールしやすい。また扇状地形がおおいから、自然流下方式をつかえば用水の配分は容易である。

これらの地域に、すでに山麓や丘陵などの溜池灌漑によって富を蓄積した地域ごとの支配者たちは、さらに河川からの取水によって、造田や開墾をひろげたのであろう。ただ、溜池にくらべ河川灌漑は水量が不安定であり、また自然流下方式によるため、配水をめぐる上・下流の地域的な対立はきびしい。したがって、地域的な調整をおこなうためには、強い統制力がもとめられた。しかし、水量さえ確保できれば、小河川灌漑は乾田耕作によって大きな収穫を入手できたとおもわれる。

その労働力は、おそらく、この山麓や丘陵に縄文時代から住みついていた人たちであったろう。おおくがコシ族やヒナ族であったであろうかれらは、新来勢力に征服されて、かれらの根拠地の水辺の山麓や丘陵から、しだいにより奥へと逼塞させられた。そのかれらがやがて、男性を中心にグループをつくり、山麓や丘陵の流域にあらたな居住地を形成し、新来勢力の農業に従事するようになっていったとおもわれる。

大和盆地をみると、支流ごとに豪族が割拠している。奈良市東部の添上・添下郡にはワニ一族、東部の天理市から三輪、桜井などの山辺・城上・十市郡には天皇氏とその官僚である大伴・物部両氏、南部の飛鳥にある高市郡には蘇我氏と巨勢氏、葛城川と大和川本流に囲まれた南西部は葛城氏、西部の龍田川や富雄川下流の平群郡には平群氏が勢力を伸ばしていた。これは小河川灌漑のけっかである。そしておたがいに覇をあらそっていたが、最後の統一を完成したのが、初瀬川上流の三輪山山麓を中心とした天皇氏と、大和川以南を支配した葛城氏である。この両者は最後まで対立した。

このように、水系を単位とするクニがつくられ、それがのちに県《あがた》になり、奈良時代の大宝律令以降は郡《こおり》になり、国を構成する地域の基礎単位となって、こんにちまでつづいている。

湖盆の水を抜いた

それにしても、とくにこれといった地殻変動もかんがえられない時代に、五〇メートルあった大和湖の水位が二〇メートルほども大きく低下したことをどのように説明したらよいのか。

それを解くカギが、『日本書紀』の「崇神《すじん》紀」に記された説話にある。

大和迹迹日百襲姫命《やまとととびももそひめのみこと》は、大物主神《おおものぬしのかみ》の妻となった。けれどもその神は昼は来ないで、夜だけやってきた。大和迹迹日百襲姫命は夫にいった。「あなたはいつも昼はおいでにならぬので、そのお顔を見ることができません。どうかもうしばらく留まって下さい。朝になったらうるわしいお姿を見られるでしょうから」と。大神は答えて「もっともなことである。あしたの朝あなたの櫛函《くしばこ》に入っていよう。どうか私の形に驚かないように」と。大和迹迹日百襲姫命は変に思った。明けるのを待って櫛函を見ると、まことにうるわしい小蛇《こおろち》がはいっていた。その長さ太さは衣紐《したひも》ほどであった。驚いて叫んだ。すると、大神は恥じて、たちまち人の形になった。そして「お前はがまんできなくて、私に恥をかかせた。今度はお前にはずかしいめをさせよう」といい、大空を踏んで御諸山《みもろやま》（三輪山）に登られた。大和迹迹日百襲姫命は仰ぎみて悔い、どすんと坐りこんだ。そのとき箸で陰部を撞いて死んでしまわれた。それで大市《おおち》に葬った。ときの人はその墓を名づけて箸墓という。その墓は昼は人が造り、夜は神が造った。大坂山の石を運んで造った。山から墓にいたるまで、人民が連なって手渡しにして運んだ。ときの人は歌っていった。

大坂に　踵《つ》ぎ登れる　石群を　手逓伝《たごし》に越さば　越しがてむかも

（大坂山に人びとが並んで登って、沢山の石を手渡しして、渡して行けば渡せるだろうかな）

（宇治谷孟、前掲書）

この説話で、「小さなヘビ」というオオモノヌシは大和盆地を流れる河川のひとつ、三輪山から流れ出る初瀬川のことで、それらの短小河川が大和湖の水を生みだしていることをさし、モモソヒメは大和湖のことをさしているとかんがえれば、「大和湖の端を突いて穴をあけて湖盆から水を流し去った。それを人民はよろこび、亡き大和湖つまりモモソヒメを悼んで墓をつくった」ということをしめしているのではないか。

図３　大和盆地の水を抜いた記念碑でもある箸墓古墳（出所：国土地理院、地図・空中写真閲覧サービスから作成）

モモソヒメの墓を箸墓となづけたというが、じっさいに箸墓が奈良盆地の桜井市にある（**図3**）から、説話と事実とが一致する。墓にもちいられている石が大坂山の柴山火山石に酷似しているともされることは、そのことに拍車をかける。

では、どのようにして大和湖の端に穴をあけたか。開削する場所は一か所のみ。これまでも大和湖の水を流しだしてきたとどうじに、地滑り常襲地帯でもある亀の瀬である。そこ以外にない。その亀の瀬の崩壊土石などを取り除くためには鉄製器具が欠かせなかったとおもわれるが、亀の瀬近くの山中の集落の雁多尾畑《かりんどおばた》に金山彦神社・金山媛神社があり、鉄滓も発見されていることから、ここで鉄の製錬がおこなわれその鉄製具がもちいられたとかんがえられる。

そして、箸墓の説話にいう「小さなヘビ」、すなわち盆地に流れこむ河川が短小河川であったことが、さきにみたように、河川灌漑を可能にし、大規模な稲作をもたらしたのである。

崇神大王の時代に、大和盆地で湖盆の水を抜くという大規模な開発事業がおこなわれ、ようやくにしてアマツカミ族の一族がめざしてきた稲作国家が姿をあらわした。百襲姫《ももそひめ》と崇神大王、このふたりがヒメつまり巫女と、ヒコつまり実務者になっておこなった大和盆地の一大開発事業ということができる。百襲姫は崇神大王の大叔母にあたる。大王とその母親がヒコ・ヒメになるのが一般であったが、大叔母もその範疇にはいろう。崇神大王は「初国《はつくに》知らしし御真木《みまき》天皇《すめらみこと》」(『記』)とよばれている。「初めて国を領有統治された天皇」ということである。

全国にある蹴裂伝説

大和湖にみるように、複数の河川を集水する盆地は、ふるくは湖盆だったことがおおい。その最終流出部の先端かその先で堰き止められていたが、それが取り除かれたということである。そのためには、より強い土石流などがなんらかの理由で生じてふるい堰き止め箇所を破壊してくれるのを待つか、あとは人為的に取り除くしかない。

その人為的に取り除いた記憶が、「蹴裂《けさき》伝説」である。民俗学者たちがそう名づけた説話で、「神・仏・鬼・龍・大蛇・巨獣・巨魚・巨人・異人・貴人・巫女などといったおどろおどろしい怪物たちが、その超能力によって湖を蹴ったり裂いたりして沃野をつくった」とする話である。それをフィールド調査とともに検証しようとした建築学者の上田篤によれば、すくなくとも三〇か所ほど確認でき、しかも全国に散らばっているという。古墳時代を中心としたふるい時代の記憶である。

北海道の「上川盆地とカムイコタンの魔神伝説」、岩手県の「胆沢の淡水《あわみず》とヒトコノカミ伝説」、山形県の「小国盆地とオオヤマツミの開削伝説」、山形県の「庄内の泥沢開拓とアコヤヒメ伝説」、群馬県の「沼田盆地とヤマトタケルの開削伝説」、山梨県の「甲府盆地の開削伝説」、静岡県の「伊豆白浜の幽谷開発とイコナヒメ伝説」、長野県の「上田盆地と唐猫伝説」、長野県の「信濃の国の小太郎伝説」、富山県の「越中別所七山開削と龍蛇伝説」、福井県の「越前三国の湖水落としとオホド王伝説」、滋賀県の「大余呉湖の干拓と坂口郡の山切りの鉛練比古《えれひこ》伝説」、滋賀県の「姉川瀬水の滝落としと覚然法師伝説」、京都府の「亀岡盆地とオオクニヌシの蹴裂伝説」、京都府の「大堰川の開削と松尾神伝説」、奈良県の「大和盆地とモモソヒメ説話」、兵庫県の「豊岡・出石盆地とアメノヒボコの岩引き伝説」、福岡県の「那珂川と裂田《さくた》の溝《うなで》開削伝説」、大分県の「湯布院盆地とウナキヒメの蹴裂伝説」、熊本県の「阿蘇山とタケイワタツの蹴裂伝説」、鹿児島県の「薩摩迫戸《さこと》の開門と隼人神伝説」、等など（上田篤・田中充子『蹴裂伝説と国づくり』）。

これらはその一部だが、こうした伝説を史実とみるか、まったくの虚構とみるか。右の伝説のうち「裂田の溝伝説」はそのとおりのものがいまもみられるし、『日本書紀』に記載された仁徳天皇の「難波の堀江」は現在の大川に比定されている。とすると、「蹴裂伝説」を虚構として葬り去るわけにはゆくまい。

崇神大王は、畿内だけでなく、北陸、東海、吉備、丹波にそれぞれ将軍を派遣して、それぞれの地で稲作開発をおこなわせたと『記紀』はいうから、全国にまたがる「蹴裂伝説」はそのことと関係するのかもしれない。

縄文人も蹴裂いた

長野県上田市の西方を流れる千曲川に、すこし川幅が狭くなったところの両岸に「半可の岩鼻」と「塩尻の岩鼻」とよばれるところがある。山が鼻のようにかけている。そこに「唐猫伝説」という蹴裂伝説がある。

遠い昔、半可岩鼻と千曲川をはさんで北側の塩尻岩鼻とは一続きの岩で、上田盆地は一面の湖であった。その湖の西にねずみがはびこり田畑を荒らしたので、百姓たちは唐猫を集めてねずみを追わせた。逃げ場を失ったねずみは岩山を食い破り、上田湖の水は千曲川となって流れ出し、一帯は陸地となった。

ねずみが岩山を食い破ったことから、付近には「ねずみ」を冠する地名が残っている。唐猫の地名や神社もある。となると、この説話はたんに伝説ですますわけにはゆかなくなる。じっさいにそのような事実があって、それが地名となって伝承されてきたともかんがえられる。

ねずみとはここに以前から住んでいたヒナ族、百姓はあとから信濃川をさかのぼってやってきたアマ族、唐猫は大和からやってきた軍勢とかんがえると、よく理解できるのではないか。ねずみも唐猫もおぼれて死んだというから、残るはアマ族だけである。アマ族の上田盆地である。

それにしても、もともとからいたヒナ族、それは先住の縄文人だが、かれらが蹴裂きをやったという。鉄製具をもたないかれらがどのようにして岩山をくだいたのか。縄文の時代から、岩に草などをぎっしり敷きつめてそれに火をつけ、岩が十分に過熱されたのちに水をかけると岩が割れることが知られていたというから、それをつかったのではないか。

湖沼を蹴裂くとき、縄文時代からの技術というか手法もつかわれたことは、縄文時代の生活様式を変え、したがって生活空間も変えた水田稲作の導入に、縄文人も深くかかわっていたことをしめしている。

この上田盆地にも古墳がある。前方後円墳もある。それは、大和からもたらされたものとかんがえられるが、箸墓伝説にみるように、湖盆を蹴裂いて稲作地にしたモニュメント、蹴裂のモニュメントといってよい。どうじに、古墳に周濠がめぐらされたことは、さきにみたように、溜池にくらべとくに小河川のばあいは、水量が不安定な盆地における水にたいする知恵なのかもしれない。盆地の水を抜いた記念碑としての古墳の意義である。

「安住の地」のイメージ

この盆地に、わたしたちはふるくから「安住の地」ということを感じてきた、と民俗学者の高取正男(1926~1981)はいう(「青葉の霊力」拙共編『空間の原型』)。「四周を緑の山やまで囲まれている地」ということ、「青葉がもつ霊力で安心して住める地」ということである。それは、個々の屋敷地にめぐらされた生け垣と深く関係しているという。

『平安遺文《いぶん》』などには、個々の屋敷地がもともと、農民の居住や経営の拠点として強い所有権をもち、国家権力のはいることができない一種のアジール（避難所）であったとかんがえざるをえない史料が散見される。それは古代律令国家がはじまる以前からあった、さらにいえば本来的にもっていた性格とかんがえられる。

その家宅の不可侵性をしめすシンボル、アジールとしての家・屋敷の境界をしめすシンボル、それが生け垣であった。たんに物的に屋敷地の境界をしめすというだけではない。

わたしたちの屋敷地にふるくからつかわれてきた卯の花垣は、ふるい小学校唱歌「夏は来ぬ」にも歌われているが、すくなくとも鎌倉時代のはじめまでさかのぼることができる。白い花を咲かせて農事の開始を知らせた卯の花は、ほかの用もはたした生活に不可欠の花木であったが、それが家をめぐっていることで、許可なくはいってはいけないことをしめしていた。

それは庶民だけではない。支配階級においてもどうようであった。『日本書紀』には「崇神《すじん》天皇の磯城《しき》の瑞垣《みずがき》宮、反正《はんぜい》天皇の多治比《たじひ》の柴垣《しばがき》宮、崇峻《すしゅん》天皇の倉椅《くらはし》の柴垣宮」とある。天皇の宮居《みやい》を柴垣宮とか瑞垣宮とよんでいた。柴《しば》とは燃料としての枯枝のことではなく、常緑樹の青葉をつけたままの小枝——これを小柴《こしば》という——を束ねて立てならべ、籬《まがき》として庭をめぐらした宮居が柴垣宮である。

それは、青葉のついた小柴の垣で青葉の霊力、すなわちマナによって宮城の清浄を保とうとするものである。宮居を柴垣宮とよんだのは、素朴なかたちをしていたということではなく、柴垣で宮殿をめぐらすことじたいが神聖な意味をもつものであった。

このようなふるい時代の宮殿のなごりをとどめているとされているもののひとつに、天皇即位の大嘗会《だいじょうえ》のときに臨時に造営される大嘗宮《だいじょうきゅう》がある。大嘗宮はふるくは大極殿《だいごくでん》の前庭に特設されたものであるが、大嘗宮の殿舎のまわりに柴垣をめぐらすことはこんにちまでつづいている。

こんにちにみられる屋敷林も、一般的には防火・防風・防塵という居住性をまもる機能をはたすものと説明されているが、屋敷林のことを小柴垣とよんでいる例もいくつかあるから、たんに屋敷のまわりに樹木を植えるということだけでなく、小柴垣につながるイメージをみいだすことができる。

猟師が山中で野宿するとき、寝る場所の四隅に青葉の小柴を挿し、山の神から地面を借りるという習俗があることからかんがえると、家をつくって住みつくとき、なにか呪術的なことをやったことが伝わり、それが小柴ということばになってすくなくとも古代から中世までじっさいにおこなわれ、近世・近代の家のたたずまい、家・屋敷のつくり方のなかにはいってきたとみてよいであろう。

この青葉のついた小柴は、個々の家・屋敷といった範囲を超え、より大きな生活圏とかかわってくる、と高取は指摘する。

『記紀』には倭建命《やまとたけるのみこと》が、「倭《やまと》は　国のまほろば　たたなづく　青垣　山隠《ごも》れる　倭しうるわし」と、国をしのんで歌ったことが記されている。異郷の地から大和盆地を想い起こして、「大和の国は国ぐにのなかでもっともよい国だ。重なりあって、青い垣をめぐらしたような山やま、その山やまに囲まれた大和は、美しい国だ」と歌ったのである。

「国のまほろば」とは、山にはいりこんで外からみえない安住に適した場所としての洞——ほらをすこし拡大して大和の国の讃辞にした、と解されている。山間の小盆地や氾濫原を関東では谷《やつ/や》、関西ではふるくは洞《ほら》とか杁野《いりの》とよんだ。

これらを囲む山は、あってなきがごときもの、通ってはいけないところ、実際に通れないところ、未開墾地を意味する。家の垣根も、本来は人の通れないところであった。そこを通り抜ける一本の道だけが人間の通るところであった。

もともと人間が通るところではない、人間の住む世界ではない、外界から悪霊邪神の侵入を防ぐもの。そういう意味で、青垣、柴垣は神聖だったのである。山やまの樹木の、つねに青あおと茂っていることが、そのしるしであった。

小盆地宇宙

こうした盆地のなかで、社会文化的統合の地方単位を形成している、小盆地宇宙というにふさわしい盆地が一〇〇あまりある、と文化人類学者の米山俊直（1930〜2006）は指摘して、つぎのようにいう（『小盆地宇宙と日本文化』）。

四方が山で囲まれた盆地で、山の分水嶺から流れでた水が谷を伝って盆地底にあつまり、ひとつの川になって一方向から盆地の外に流れでる。盆地底にはかなりの平地があり、ひと・もの・情報の集散する拠点としての城や城下町、市場などがあり、その周囲に平坦な農村地帯がひろがり、その外郭の丘陵部には棚田にくわえて畑地や樹園地が展開し、その背景に山林と分水嶺につながる山地をもった世界。それが小盆地宇宙の典型的な空間イメージである。

そこでは、外の文化はまずは盆地の中心にもちこまれて盆地全体にひろがっていき、盆地内で生まれた文化革新は中心から運びだされる。盆地内では、伝播流入した文化要素とここで育った文化革新が集積されて、独自の土着的文化伝統が醸成されていく。それは山ひとつ越えるとがらりと変わるといわれるほどに、はっきりした差異をもつ。すると、それは住民の気風や価値観にも反映され、それぞれの盆地が独自の生活領域としてかんがえ方や気風を共通にした世界をつくるようになる。かくして小盆地宇宙なるものができあがる。

小盆地宇宙は山に囲まれた閉鎖的領域の全体だから、山の人びとの伝統もふくまれる。それらは焼き畑などの農耕伝統もふくめた縄文文化をなんらかのかたちで継承してきたとかんがえられるから、農耕文化に先行する長い縄文文化の伝統もそのなかに統合した、個性的な文化伝統をつくりだしてきたものといえよう。

たとえば瀬戸内から近畿にかけては、山口、宇和、内子、三次、新見、津山、篠山、山城、奈良、近江の各盆地が小盆地宇宙としてとりだせる。それらは日本文化を構成する単位といってよい。日本文化はけっしてひとつではないことを盆地はおしえてくれる。多様な地域性をトータルに把握しなおしてくれるのが盆地である。

盆地と水のつきあい方

盆地は、こうした経緯から、水とは切っても切れない関係にある。それはときとして大水となって、わたしたちに災害をもたらす。

兵庫県の円山川の最下流域に細長くひろがる豊岡盆地は、更新世以降の沈水谷が陸化したものので、きわめつけの低平地である。その陸化が「蹴裂伝説」として言い伝えられている。河口との落差はわずか一、二メートル、河口から一六キロメートルで支流の出石川と合流するが、ここまで海水が押し寄せる。秋から冬にかけて発生する霧は、すごい。ほとんど前がみえない、といっても過言ではない。それが昼ごろまでつづく。それだけ湿気がおおい土地柄だということだ。

「豊岡・出石《いずし》盆地とアメノヒボコの岩引き伝説」は、朝鮮半島からやってきた新羅の王子アメノヒボコが鉄をもとめてここにやってきたころ、豊岡・出石は泥海で、人の住めるような土地ではなかったが、アメノヒボコが海岸近くにある瀬戸の岩を蹴裂いて盆地の水を流して人の住める土地にした、という伝承である。近くには砂嘴の気比の浜があるが、そこを開削せずに、岩を切っていることは興味深い。

その豊岡・出石盆地は洪水常襲地帯として知られている。

そのいっぽうで、かつてはどの家にもひとつはあったとおもわれる柳行李《やなぎこうり》からはじまったカバンの産地として、ふるくから知られてこんにちにいたっている。

その豊岡盆地が、二〇〇四年一〇月二〇日に発生した台風二三号による洪水で、その中心都市・旧豊岡市（以下、豊岡）の中心市街地の目と鼻の先、河口から一三キロメートルほどの地点で丸山川が破堤し、ほぼ全域が浸水した。

この洪水で豊岡の地域経済の核であるかばん産業が甚大な被害をうけた。ところが、ほぼ全域が水没したにもかかわらず、かばん産業の再開は早かった。早いところで二週間、遅いところでも年末には操業を再開している。これまでもたび重なる出水にみまわれてきたが、いつもかばん産業が不死鳥のようによみがえっている。それをもたらすのは、なになのだろうか。

豊岡のかばん産業は、問屋—メーカー—下請け—内職と、徹底した工程間分業でなりたっている。それらが豊岡一帯にひろく分散立地している。立地先は、河川沿いの低湿地に点在する自然堤防または微高地、山際の谷底平野や低位段丘といった地形面などである。内職がかばん産業をささえていることからもわかるように、おなじ地形面に居住地が展開されている。それ以外は氾濫原であったり、氾濫原下位面や後背湿地、旧河道域などで、おもに農業生産に利用されてきた低地で、増水時にしぜんに流量を調整する機能をもった遊水地でもある。

つまり、豊岡のかばん産業は、微高地上にある旧城下町エリアで材料供給、最終加工、商品取引がおこなわれ、その周辺の小高いところにある集落などで部分加工がおこなわれる分業生産体制でなりたっているのである。こうした分業体制は、出水によっていくつかの地区の生産施設が壊滅的な被害をうけても、地域としてはかばん製造が壊滅的な状況にならない仕組みとなっている。

このような洪水常襲地帯ともいうべき豊岡でかばん業界がとってきた水害対策は、ひとつの小さいコミュニティー、いいかえればひとつの小さい仕組みにもとづくものである。それにたいし水害をもたらす河川は大きい仕組みのなかで活動している存在である。スケールが異なるものが同居すれば、そこにはスケールの違いからくる齟齬が生まれる。これが、小さいコミュニティーからみれば、災害となってあらわれることになる。この災害に対処するには、両者を同一スケールにすることである。といっても、本来スケールが異なるものである。したがって、そこには知恵と工夫が必要になる。

これを、豊岡のかばん産業のばあいは、河川という大きい仕組みのなかの小さい仕組みにあたる微高地などに工場などを展開し、それらのネットワーク化をはかることで、小さなコミュニティーを大きい存在に随時随意に変えて大きい仕組みに対処しようとしてきた、ということができる。

ところが、上流河川の流水機能の向上により、自然堤防まで水がおよぶほどの水害になってしまった。それとともに、氾濫原に工場や住居をつくる例がふえだしている。自然の時間を無視しはじめたけっかである。

水といかにつきあうか。それは、湖盆を開削して得た盆地の宿命である。そのひとつの解が豊岡盆地にある。

五――

自然の上に海辺の低湿地を拓いた

しらぬひ筑紫

海辺の低湿地は「天地の初め」、つまりわたしたちの国土のはじまりだが、その先進地ともいうべき出雲を武力でもって獲得したにもかかわらず、そこにとどまることなくただちに放棄された。こうした沖積平野は、かれらアマツカミ族の地にふさわしくなかったということだ。

ところが、わたしたちはいま、内陸の盆地と沿岸域とを問わず、その沖積平野におおく暮らしている。そして、そのことを意識することなく、日々活動している。しかし、盆地のそれかから推察されるように、沖積地に暮らすことはけっして容易なことではなかった。

そのことがわたしたちの生活空間になにをもたらしたか。

いま、それをおしえてくれるものが、九州にある。平定した出雲を放棄したアマツカミ族が宮を建てて住んだと『記紀』が記す筑紫《つくし》の、筑紫平野である。筑後《ちくご》川の両岸に大きくひろがる沖積平野で、筑後川の西側の平野を通常、佐賀平野とよんでいる。広大な平野である。蹴裂はない。

筑紫平野は、どのようなところにあるか。

九州最大の湾の奥にある。湾の名前は有明海である。湾なのに有明海とよぶのは、すこし奇異に感じる。それに、有明海は、南につづく島原湾、そして早崎瀬戸をとおって東シナ海につながっており、湾の奥に海がひろがっていることになるから、なおさらである。ただ、東京湾や大阪湾より大きいから、海というのもうなずける。それだけではなく、海にたいする強い思いというか、海でなければならないという強いこだわりが込められているようである。

その筑紫にかかる枕詞が、「しらぬひ」である。

枕詞は、通常、それにかかるもの、つまり筑紫の情景なり、特徴なり、関係性などを示唆してくれるのだが、枕詞「しらぬひ」の語義やかかり方については、これまでに七つの説が提示されているものの、不詳というのが現在の結論である（『時代別国語大辞典上代編』）。

その筑紫を詠んだ歌が、『万葉集』に三首ある。そのうちの一首である。

沙彌満誓《さみまんせい》の、綿を詠める歌一首

しらぬひ筑紫の綿は身につけていまだは著ねど暖に見ゆ

（巻三―三三六）

「しらぬひの筑紫の綿は身につけていまだ着たことはないけれど、暖かそうにみえることだなあ」という意味である。

木綿が日本にはいってくるのは、この歌を詠んだ時期よりあとだから、ここでいう綿とは蚕の繭からつくった真綿のことである。古代、筑紫はこの綿の生産の先進地であった。その綿をほめたたえることで、人気のわるい勤務地、筑紫にある大宰府のよさをしめそうとしたものであろう、と解釈されている。原文では、「白縫」の漢字があてられている。白い綿を敷き垂らしたような筑紫とでもいう意味であろうか。「白い綿を敷き垂らした」とは、あるいは、なにかを形容しているのかもしれない。

ほかの二首の「しらぬひ筑紫」もどうようの解釈ができるが、原文では異なる漢字があてられており、それからなんらかの意味をみいだすことはむつかしそうである。

かつて平野は海だった

その筑紫平野を実感するには、たとえば大分自動車道で大分から福岡に抜けてみればよい。大分の山中では、あらわれてはきえ、あらわれてはきえる小盆地が目にはいるばかりである。ほんとうに小さな盆地である。それがために、それぞれ独立した生活空間のようにみえる。最後に、スギの美林で知られる日田盆地にはいる。筑後川の水源地である。

トンネルで日田盆地を囲む山塊を抜ける。途端に、目の前の風景ががらりと変わる。水田に水を張ったばかりなら、一面、まっ平らな地が、まるでひとつの鏡のようにきらきら、ぴかぴか光っているのが目にはいる。まるで海である。「白い綿を敷き垂らした」とはこのことではないか。稲が育ってくると、こんどは、一面の平坦地にどこまでもひろがる緑の大地が眼下にひろがる。そして刈り入れの時期になると、一面、黄金色の大平原に変わる。大分県の小盆地とはまったくちがう壮大さがあいまって、豊かな地、豊かな平野であることがひしひしと伝わってくる。印象があまりにも強烈である。それが筑紫平野である。アマツカミ族がもとめたのは、こうした平野ではなかったか。

その筑紫平野は、かつて、海だった。

「古筑紫海」ということばがある。いつごろからつかわれるようになったのかわからないが、『久留米市史』第一巻（一九八一年）に「筑紫平野生成過程図」が載せられている。現在の有明海のさらに奥に海がひろがっていて筑紫平野をおおっていた。それを古筑紫海とよんでいる。たしかに、いまから六〇〇〇年ほどまえの縄文時代前期には海進がピークをむかえていたから、有明海の海岸線が現在よりずっと奥にあったことはうなずける。このことは各地の沖積平野でもほぼどうようである。いご、海水面の後退と前進のくりかえしで、古筑紫海が筑紫平野に変わっていった。

そして、一面の美しい緑の地、豊かさが伝わってくる筑紫平野になった。古筑紫海から生まれたのである。万葉集におさめられた三首の歌にみる「しらぬひ筑紫」とは、このことではなかろうか。

しかし、これだけでは、なぜ筑紫平野が豊かなのか、わからない。海が後退しただけで豊かになったのだろうか。

海と平野はつながっている

佐賀平野はほんとうに低い。ここに暮らす人たちがみずから住む土地を低平地とよんでいるのも、納得できる。それ以外に適切なことばがないのだ。水田を潰廃してつくった市街地近郊の住宅地は、道路と残存する水田との高低差がほとんどない。

その低さなのだが、山麓あたりの標高は五〜六メートルから八〜一〇メートルほどである。それにたいし海岸までは、佐賀市のばあいでおよそ二〇キロメートル。土地の勾配は、ゆるやかというか、ほとんどないにひとしい。

なにもしなければ、有明海の潮の干満で奥行何十キロメートルにもわたるひろい範囲が毎日、海に変わる。海と平野はつながっているのである。

佐賀平野を日本の低平地のなかでも〝きわめつけの低平地〟とよぶのは、こういうことである。もちろん、海岸に堤防をもうけて防御しているから、日常、そういうことはないが、時折びしょびしょの「地」が姿をあらわす。大雨などのときであるが、人びとは平野のなりたちを共有しているから、よほどのことがないかぎり、日常生活が変わることはない。

いま、有明海をつかって、沖合まで海苔の養殖場がひろがっている。それをみると、まるで海の畑である。佐賀海苔はいまや全国ブランドである。おいしい海苔をそだてるものが有明海というか、佐賀平野というか、ひとつながりの海と平野にあるということである。

どうやら、その豊かさは、平野のあまりにも低い平地ということと関係があるようである。

泥水が毎日はいりこむ

南北に細長い有明海に勢いをつけて海水がはいってくれば、有明海の最奥でどのような潮となるか。干満差が五、六メートルもある潮となる。この潮の干満差は、地史的には、八〇〇〇年まえからみられるとかんがえてよいようである。八〇〇〇年まえといえば、縄文時代早期の終わり、いわゆる縄文海進が起こるころである。

だから、有明海では一日に二回、海面が大きく昇降する。くわえて、有明海は水深が浅いから、そのたびに大量の海水が入れ替わる。沿岸の浅い干潟では、入れ替わるときの海水の勢いはかなりのものになる。そして海底の海水と表面の海水とが攪拌される。このとき、陸からの物質と海からの物質とが混じりあう。

有明海は、さながら泥水の海である。これが有明海に豊かさをもたらしている。有明海沿岸を歩いてみると、いかに干潟がおおいかがわかる。あちこちに黒い干潟がひろがっている。黒いのは阿蘇山をはじめとする火山性物質のせいである。素人目にはどれもおなじような黒い干潟だが、地域によって異なる。

有明海の泥水は、泥分と砂分からなる。反時計回りに有明海を移動する泥水は、重い砂分をまず東南海岸や東海岸に堆積させて砂質干潟をつくりだす。残った軽い泥分、これを浮泥《ふでい》というが、浮泥はさらに移動して北岸や北西岸に泥質干潟をつくりだす。泥質の堆積物は海成粘土である。まっ黒で、ずぶっ、ずぶっとはいりこみ、潟《がた》スキーでもつかわないかぎり、歩くことは不可能である。せっかくの前海は、これがあるため、はるかかなたにとおのいてしまう。筑紫平野はここにある。

こうした泥分をふくんだ泥水が筑後川のせまい河口に流れこむと、河口の泥を舞いあげ、河川の淡水と混じりながら、流速と運搬力をさらにます。後背山地から佐賀平野に流れこむ河川は筑後川にむかって流れているので、それらの河川に泥水がうまくはいっていけば、河川の勾配がほとんどないから、河川の上流にむかって逆流して泥土が運ばれていく。そこでは海水は淡水と混じりあって希釈されているから、ほとんど淡水に近いものになっている。そして流速が落ち止まりあたりに大量の泥土を堆積させる。

ここまでやってきたこれらの堆積物は、さきの沿岸の堆積物＝海成粘土とは異なり、塩分をほとんどふくまない非海成粘土になっている。塩分があれば農耕には適さないが、それが抜けた泥土にしろ泥水にしろ、農耕にはうってつけだ。陸から流れて海にいったんはいった豊富な栄養分がしっかりふくまれているからだ。

この有明海の泥水が平野にはいりこむ。あまりにも低い平地であることが、それをもたらした。

泥水を暴れ川が運ぶ

こうして運ばれた浮泥が堆積して、平野に豊かさをもたらした。いっぱんには、陸の泥が河川を流れくだり、河口などで沈殿することによって低平地がつくられると理解されているが、陸から海にはいった粘土が浮泥となって海からふたたび陸に戻って低平地を埋め立てたのである。

海が、低湿地を平野に変えていった。

このような自然の作用は、そこここの沖積平野でも大なり小なり存在するものだが、現在、忘れられがちになっている。沖積平野の整備というか人為的な改変がすすみ、わたしたちの目にはいりにくくなっているからである。それにたいし佐賀平野では、いまもそれが目にみえて存在しているということである。

山からの河川がもたらす淡水が海水と混じりあう環境を、佐賀平野では、江湖《えご》（たんに江《え》ともいう）がつくりだしている。干潟に海水がでたりはいったりするにつれてしぜんにできる潮の道である澪筋《みおすじ》が川のかたちで残ったものを、佐賀では江湖とよんでいる。したがって江湖は上流に水源をもたないのだが、この江湖と河川がむすびつけば、満ち潮が海の泥水を低平地に運んでくれる。勾配がほとんどない低平地だから、かなり奥のほうまで運ばれる。そのあいだに塩分が抜け落ちて非海成粘土となる。潮が引くとき、低平地の勾配はゆるやかだから、この粘土がそこここに堆積して残る。

だから、江湖と河川が首尾よくつながっていなければならない。

こうした堆積を、佐賀平野東部の田手川《たで》や城原川《じょうばる》など、いくつかの中小河川が江湖とむすびついてふるくからおこなってきたが、最大のものは佐賀平野の中央部あたりを流れる嘉瀬川《かせ》である。嘉瀬川は、いまは山から平地に流れこむと、そのまま南下して江湖にむすびついて有明海にそそぐが、ふるくは東に流れ、筑後川にそそいでいた（『佐賀県史』上巻）。これを元嘉瀬川と称しておこう。これがどのようにして江湖と首尾よくむすびついたのか。

元嘉瀬川は、かなりの暴れ川であったようである。奈良時代に肥前国の文化風土や地勢などを記録編纂した『肥前国風土記』に、つぎのような記述がある。

郡《こほり》の西に川有り。名をば佐嘉川《さかかは》と曰《い》ふ。年魚《あゆ》有り。其の源は郡の北の山より出《い》で、南に流れて海に入《い》る。此の川上に荒ぶる神有りき、来《きた》る人の半《なか》ばを生かし、半ばを殺す。

（訓読文は沖森卓也・佐藤信・矢嶋泉編著『豊後国風土記　肥前国風土記』による。以下、同）

ここにいう郡《こおり》とは、佐嘉《さか》の郡のことである。西は杵島《きしま》の郡の蒲川《かもかわ》山（蒲原《かもはら》山か）から東は養父の郡の草横《くさよこ》山（九千部《くせんぶ》山か）までをその勢力範囲にしていたようである。その郡の西にある佐嘉川とは、現在佐賀市の西方を流れる嘉瀬《かせ》川のことである。その上流、つまり山中に荒ぶる神がいて、通行人のなかばを殺していたという。それほどの暴れ川であったということである。元嘉瀬川は、山中の河川をあつめて山地から佐賀平野に流れこむと、きわめてゆるやかな勾配であるため流路さだまらず、平野を四方八方に流れていた。ひろく乱流する暴れ川である。西へ西へと流路を変えつづけたが、おおくの支流に分かれて江湖とむすばれていたからこそ、泥土がひろく堆積したのであろう。

このように河川と江湖とがむすばれているのだが、しぜんにつながっていったとみるより、人間の手がくわわってむすばれていったとかんがえるほうがしぜんである。

では、どのような人間の手がくわわったのだろうか。

呪術で川を治める

おなじく『肥前国風土記』に、佐嘉川を治めるようすが記されている。

> 茲《ここ》に、県主等《あがたぬしら》が祖《おや》、大荒田《おおあらた》占問《うらどい》ふ。時に、土蜘蛛《つちぐも》、大山田女《おおやまだめ》・狭山田女《さやまだめ》といふ有り。二《ふたり》の女子《をみな》の云はく、「下田村《しもだのむら》の土を取りて、人形・馬形を作り、此の神を祭祀《まつ》らば、必ず応和《やわら》がむ」といふ。大荒田、即ち其の辞《ことば》の随《まにま》に此の神を祭るに、神、此の祭りを歆《う》けて、遂に応和ぐ。茲に、大荒田いひしく、「此の婦《をんな》、如是《かく》、実《まこと》に賢女《さかしめ》なり。故《かれ》、賢女を以《もち》て、国の名と為《せ》むと欲《おも》ふ」といひき。因《よ》りて賢女《さかしめ》の郡《こほり》と曰ひき。今、佐嘉郡《さかのこほり》と謂ふは訛《よこなま》れるなり。

大荒田とは古墳時代のこの地の豪族、佐嘉君の先祖である。その大荒田が暴れ川を治めようとしたが、なかなかできない。そこで大山田女と狭山田女という二人の女性の占いを聞き、下田の土で人形《ひとがた》や馬形《うまがた》の形代《かたしろ》をつくり、それを川に投げいれると、荒ぶる川は鎮まったという。二人は土蜘蛛といわれているが、あきらかに巫女である。下田一帯を統括していた巫女であろう。呪術によって人びとをまとめあげて、この地域をまとめていたのではないか。

形代に馬形が強調されているのは、古来、大地の怒りを鎮めるため、また疫病を退散させるために、生き馬を捧げたり、馬を板に彫ったり、土でこねあげたりしたからではないか。絵馬の起源のひとつでもある。この呪術によって下田の人びとを動員して川を鎮めようとしたのではなかったか。

それは、巨大な土木事業ではなく、土でこねた形代をつかうほどの工事であった。それはひとりではだめである。一人ひとりがおこなう作業は小さいが、おおくの人びとが協力しておこなうことが必要だった。人びとを動員しうるところに、呪術の呪術たるゆえんがある。

こうした施業を呪術ですすめるふたりの巫女をとりこんで大荒田はこの地域を治めたのであろう。土蜘蛛の巫女を賢女とほめたたえ、そればかりか、郡の名前にまでとりこんでいる。あきらかな地位の逆転がそこにはある。そうしなければならない理由があったということなのだが、それはとりもなおさず、この地、筑紫平野の低平地の整備開発のしかたにあったとかんがえたい。こうした呪術というか、この種の施業が流域のあちこちでおこなわれていたのであろう。

『肥前国風土記』はつづけて、

此の川に石神有りき。名をば与田姫《よた》と曰ふ

と記す。

いっぱんに石神といえば、磐座《いわくら》をさす。しかし、下田の土といい、それで形代をつくるといっているから、そうとかんがえないほうがよいのではないか。やはり、石そのものではなかったか、石と土、それがここでの施業の主役ではなかったか。

有明海沿岸では葦原のことを荒野といい、湿田のことを牟田《むた》という。佐嘉君の先祖である大荒田とは、葦原や湿田を治めていた者ということではなかろうか。あるいは、佐嘉の地がもともとそうした土地であったことを後世に伝えようとしたのかもしれない。

そこを陸化していくのは、河川の流路をあらたに開削するような大工事ではなく、小さな石や土の形代であったということを、わたしたちにおしえてくれているのではなかろうか。

神石が土地をつくる

なぜ、石なのか。

澪筋を伝って逆流してくる浮泥は、引いていくとき、ちょっとした障害物にあたればその川下側に堆積の跡を残す。障害物の川下側では流速が急激に落ちるからである。それは、葦原に浮泥が堆積して、自然陸化がすすむのとおなじである。

この原理をもちいて人工陸化が筑紫平野のそこここでおこなわれてきた。そのときにつかわれたのが、石ではなかったか。つまり、石をそこに置くことで自然堆積をうながし、それをもとにして土地づくりをおこなうのである。

その典型的な事蹟を、筑後川下流の洲でみることができる。

この洲は、文禄年間（一五九二〜九六年）にはかなりはっきりした形をみせるようになってきたが、当時の佐嘉藩主・泰盛院《たいせいいん》は、鍋島安芸守茂堅に命じて、この洲の中央に龍王の神石を建立させ、この洲の先占《せんせん》をあらわしたという。

この神石をもとにして土砂がひろく堆積して島となってきたので、元和《げんな》九（一六二三）年、ここに八大龍王の神祠を建立した。

後日、この島の帰属をめぐって肥前鍋島藩と筑後柳川藩が紛糾を起こした。そのとき、柴《しば》通《どおし》という神意による境界線引き、つまり神弊を柴にむすびつけて筑後川に流し、その流れゆく道筋を境界にしたと伝えられている。この柴通は地名になって島に残っている。

筑後川下流左岸でも、新田を拓いた場所に海神宮を祀っている例がよくみうけられる。そのご神体は数個の石であることがおおい。石とは、こういうことではないか。

クリークができた

このようにして土地が生まれていったのだが、葦や神石でできていった土地の残り、そこはもともとびしょびしょの低湿地だから水面であり、潮の干満をうけて流れる水路となる。そうした水面が大地に無数にランダムにあらわれただろうことはよういに想像できる。おそらくそれがこんにちクリークとよんでいるものの原型であろう。

こうして生じた水面は、山からの河川と海からの江湖の両方につながっている。河川と江湖を行き来する淡水を確保するためには、適切に管理する必要がある。それを土木工学を実践してきた江口辰五郎はつぎのように説明する。

背振山地を水源とする中小河川は、天井川となっているので、これから用水として運び込まれた水は、元の川に帰ることができない。とすれば使命を終って悪水となった水は、平野の低い切りこみである澪からはじまった江湖に流れ集る。だが江湖は潮が出入りする。満潮となれば潮が逆流する。その影響を断ち切るために樋管や堰がおかれる。

一方筑後川の本流は、平野の一番低い所を流れているから、人工的にその水を堰き上げなければ平野に引き込むことができないのだが、有明海からの逆流は巧まずして筑後川の水位を堰き上げ、一度は有明海に流れ下ったはずの水を又、潮の上に乗せて筑後川をさかのぼり、さらに江湖を伝って、平野の隅々にまで筑後川本流の水を運んでくれる。

こうして、有明海↓筑後川↓支川（江湖）↓クリークと言う形で平野に採り入れられた水は、そのまま放っておけば退き潮と一緒に海に落ちる。そのためにも堰と樋門が必要になる。こうして、平野の内水の水位と流量の調整装置としての堰、樋門、樋管が登場する。

このように江湖との関係で調整装置としての河川の付帯構造物が必要であったと同じ理由で、天井川からの取水のためにも、付帯構造物と水路が必要であった。そうして水田が開けていった。

（『佐賀平野の水と土』から抜粋編集）

こうした上流の付帯構造物と、下流の付帯構造物とのあいだの水路が、やがて「クリーク」となっていった、というわけである。これらの人工物の操作によって、クリークが生まれ、維持されてきたのである。

このクリークにはしぜんにできたものもあれば、しぜんにできたものを人為的に改変したもの、まったく人工的につくられたものもあろう。が、用排水の確保のため、人間の手がくわえられ人間の手で管理されてきたことは強調されてよい。

水と土の世界が生まれた

こうしたクリークが山と川と澪筋と海とをむすび、人びとはそこを生活の場として確保してきた。そして、このクリークを平野にめぐらせ、隅々まで水をいきわたらせた。クリークは平野の血管である。クリークが佐賀平野を拓いた。

こうして佐賀平野に、山と川－クリーク－江湖と川－海、あるいは山と川－クリーク－江湖と海という水と土の世界がつくりだされた。自然の摂理をベースにして、自然と人間とが協働してつくりだした世界である。

それにしても、琵琶湖畔の近江八幡や福岡県柳川などで水郷地帯という言葉がつかわれているのに、佐賀平野では英語の「クリーク」地帯という表現がもちいられているのはどういうことなのだろうか。柳川では詩人の北原白秋が最初に水郷という言葉をつかったのではないかといわれている。

佐賀では、地理学者の米倉二郎（1901～2002）が、「外人によってクリーク（creek）と呼びならわされた溝渠《こうきょ》が縦横に広がって、わが筑後川下流平野の景観を一層大規模に展開しているということができる」（『東亜の集落』）中国の江南の風景をみて、佐賀平野は利根川下流の水郷などとは異なって、ひじょうにふるくから開発された自然の水系が、隅々まで人工をくわえられて具合よくできあがったところで、中国江南の水村ときわめて類似したおもむきがある自然的文化的景観だと評している。上海事変（一九三二年）以後クリークという英語が紹介されたからだということになっているが、詳細はよくわからない。

そのクリークを地元の人びとは、「堀」とよんでいる。「ほり」ではなく「ほい」である。

その言葉を耳にすると、「クリーク」にくらべて親しい存在のように感じられる。おそらく人間の手をつねにほどこして管理することで、親しい存在になっていったのであろう。「ほい」の水は、戦前までは、農業だけでなく、生活のすべてにつかっていたし、堀の生き物も豊かで、子どもたちの身近な水遊び場でもあった。

わたしたちの水、流れる水とは、こういうものである。大川とよばれる自然の河川ではない。

地下情報を共有する小さな地域

この佐賀平野で、どのような居住地がつくられたか。

佐賀平野の居住地をみると、市街地以外は、どの居住地もおしなべて小さい。

たとえば佐賀平野の東部、神埼市千代田町あたりでは、クリークをめぐらした環濠集落がおおくみられる。遠くからもこんもりとした森がいやおうなしに目にはいるから、そこが集落であることがすぐにわかる。

クリークはかなり大きい。集落のまわりに濠をめぐらしたというより、島々からなる集落といったほうがわかりやすい。このあたりのクリークの大きさは中世の環濠集落ゆえだといわれるが、湿地がかなり深いところだから、そうならざるをえなかったとみたほうがよいかもしれない。集落はこじんまりしている。集落内にもクリークがはいりこんでいる。そうした環濠集落のひとつの島に一族郎党の長の館がもうけられ、まわりの島々に一族が分散居住し、それらを道や橋でつないだ。荒々しいというか、厳しいというか、そんな集落である（**図4**）。

居住地が小さい理由を、佐賀平野が田園地帯であることのみにもとめるわけにはゆくまい。たしかに居住地はまるで青々とした緑の海原のなかに点々と浮く小島のようであるが、それが農業集落だから居住地を小さくさせたというだけではない。しぜんに陸化していったとき、そのプロセスをかんがえれば、現存するクリーク集落にみるように、そのまま居住地として利用できるところはかぎられ、しかも小さいものであった。その居住地をより安全に快適にしようとすれば、陸化した部分を盛土したり、ひろげたりしなければならない。そのためにはクリークを深く掘ったりして土を確保することになる。しかし、それには限界がある。そのけっか、居住地としての生活空間は小さなものにならざるをえない。

図４　佐賀平野のクリーク集落（撮影：後藤隆太郎）

佐賀平野の水と土の世界が、生活空間をしておのずと小さいものにさせた。

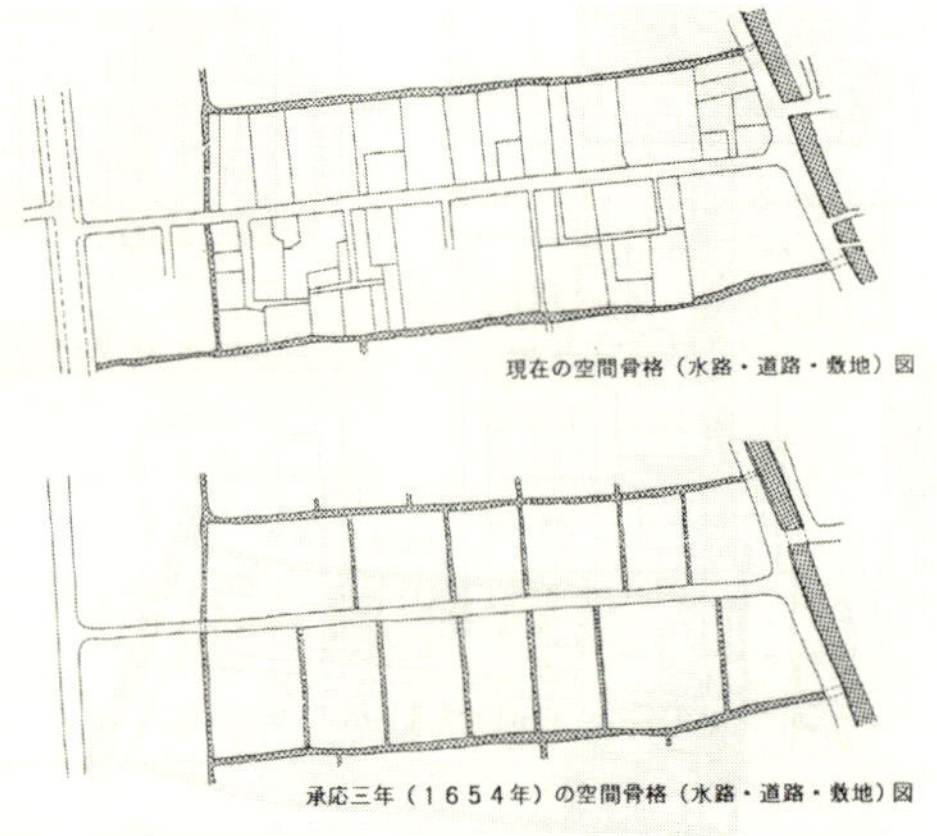

図５　佐賀城下町は水路に囲まれた小さな地域をひとつの集住単位として、それを積み重ねたりしてつくられている。本図は武家地の構成（出所：中岡義介編「迷路としての日本の都市」河川整備基金助成事業報告書）

そのけっか、自然からつくりだした土地をベースにした小さな地域は、その地下がどのようなところであるのかという情報を共有することになった。地下情報に依拠した地域である。

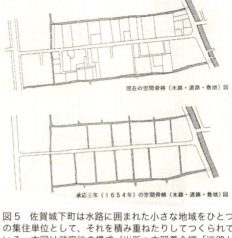

市街地でも、どうようである。佐賀市街では、それが堀と道でつくられていることは集落居住地と変わることはないし、その周囲に堀をめぐらしていることも変わりない。ただ、その一部は曲がりくねった堀ではなく人工の手がくわえられて直線状になっている（**図5**）。そして、その「小さな地域」を町地では線状にならべて街道にし、武家地では「小さな地域」をひとつの集住単位として、それらを層状に積み重ねて武家の集団居住地を配置し、下級武士たちはより小さな地域群に住まわせた。城下内に数おおく点在する寺もそれぞれ堀に囲ませてつくった。

だから、城下町は面的にひろがっているが、小さな地域が端正に組み合わせられているにすぎない。

その旧城下町エリアを現状と城下町時代の絵図でくらべてみると、**図5**にもみるように、ほとんど変わっていない。その周辺には農地を潰廃した新しい市街地がひろがっている。それらもすべて小さな地域の集合である。

「共同自助」の世界

小さな地域をなりたたせているクリークは、かってにさわってはいけない、地域住民に共通、共有、共同のものである。そのなかで個々が自由に活動している。このような小さな地域に身を置いて、各自が自助していく。共同というものがあるから、孤立することはない。そのうえで自助するのである。「共同自助」の世界である。

近世、村には村人たちが自己の生活のために薪や草をもとめて自助として立ち入ることができる空間があった。入会地である。それがあったから、村人が貧困におよんでも孤立することがないことが担保された。「共同自助」の空間である。

その入会地をテーマに、作家の島崎藤村は一大長編小説『夜明け前』を七年かけて書いたのだが、明治維新前後の木曽谷で起こった木曽山林事件をとりあげた。膨大な資料を読み解いて、共同自助の入会地が地租改正の一環として、わけも知らされずに維新政府にとりあげられていくことに疑問を感じた青山半蔵（藤村の実父正樹のこと）のたたかいをリアルにえがきだした。そのあげくに狂い死にした半蔵の辞世の句を紹介して、近代日本に過誤があったのではないか、と問うた。

ふるい木曾山が自由林であったことを裏書きしないものはなかった。それがそうでなくなるのである。藤村は草叢の人たちに「畏れながら申し上げます。木曾は御承知のとおりな山の中でございます。こんな田畑もすくないような土地でございます。お役人様の前ですが、山の林にでもすがるよりほかに、わたくしどもの立つ瀬はございません。」と叫ばせる。海の民は海にはいってはいけない、魚や海藻を採ってはいけないとはいわれないのに……。これが山の世界である。

クリークは、低平地の入会地である、といってよい。

それは海の世界なのか、山の世界なのか。

地域ごとに「みず道」がある

佐賀平野の小さな地域はすべて、山・川－クリーク－江湖（澪筋）・海という自然の摂理にのっかっている。そのことから生まれたさまざまなルールともいうべきものがある。それは自然と人間との協働から生まれたものだから、規制とか規則といったたぐいのものではなく、むしろ行動様式とか作法に近いものである。

それを「みず道」とよんではどうかとかんがえている。みずどう、である。漢字なら「水道」。茶道とか華道というように、「水の道」である。小さな地域はひとつとしておなじものはないから、それぞれの地域ごとに「みず道」がある。

佐賀平野は、生活空間からみれば、それぞれ「みず道」でまとまった小さな地域の集合体である。

佐賀平野のクリークは、いくえもの意味をもっている。灌漑をおこなうものであり、排水をするものであり、日常の生活につかうものであり、身近なレクリエーションがそこでおこなわれ、生物を涵養し、通行の用をはたすなど、ひとつのクリークがさまざまな用途をかねている。渇水にそなえて水をたくわえ、大水時には氾濫しないように水を一時的に保留する役割もはたす。これらをバラバラにするわけにはいかない。クリークはひとつしかないからである。クリークは、トータルなものとしてとらえなければならない。

みず道は、そういうところから生まれた。

こうした地域にはさまざまな知恵と工夫がみられる。集団であれ個人であれ、知恵と工夫を出さないとここでは暮らしていけないということであろう。これが積み重なって「地域」を、「みず道」をつくりあげている。佐賀平野では、地域は自然と人びとの協働によってつくられているから、そこでの知恵と工夫には「環境」という言葉がふさわしい。地域にはいろいろな「小さな環境」がみえかくれしている（拙著『国土のリ・デザイン』）。

内なる「小さな環境」づくり

この「小さな環境」は、わたしたちが忘れていること、あるいは無関心になってしまっていることを思い起こさせてくれる。

都市や地域はこんにち、巨大なジャンボ機のように管理社会化されている。このことはつねには気づかされないが、阪神・淡路大震災のような非常時にはそれがくっきりとみえてくる。たとえば交通や流通、水やエネルギーは広域的なネットワークシステム、大規模なシステムにたよっているのだが、それが切断されて孤立したとき、いかに生活を持続するか、その手段をほとんどそなえていないことに気づかされた。

そして、自立的におこなっているはずの生活すらも、じつは、そうした大規模なシステムにゆだねられていたということが浮かびあがってきたのである。大規模なシステムにぶらさがっているかぎりにおいて、便利で快適な生活が保障されているにすぎなかったのだ。管理社会化されていることを忘れている。

広域的なネットワークシステム、大システムの恩恵ははかりしれないほど大きいから、これを抜きにすることはかんがえられない。しかし、そればかりにたよっていたのでは、いざというときにこまってしまう。では、どうすればよいのだろうか。

わたしたちはこれまで大システムばかりにたよらない手段をいろいろ開発してきたはずである。それが、「小さな環境」である。ところが、大きなシステムの恩恵が大きくなればなるほど、それは忘れられてきた。平常時には、「小さな環境」はみえなくなっているのである。

そうすると、ふだんはみえない小さな環境を大きなシステムとどのように併存させるかということが、大きな問題として浮かびあがってくる。大きなシステムにささえられている社会のなかに、いかにして小さな環境を仕組むか、ということである。

それを一口にいえば、小さな環境が大きなシステムのウチにあり、いつもはソトにあって有用な大きなシステムをささえることである。「ウチなる小さな環境」をつくることである。

それを自然と協働、共生することによってなしとげてきた佐賀平野では、きわめつけの低平地であるにもかかわらず、大事になることはほとんどなかった。大水はあってもそれが災害となったのは、このことを忘れたときであった。

都市や地域におおくの「小さな環境」を組みこむ。それが、高度に発達しすぎた都市や地域を再生するあたらしい光になるのではないか。

このことは、沿岸と内陸とをとわず、わたしたちのおおくが暮らす沖積平野にあてはまることである。沖積平野は自然としては乱流地帯である。自然がいにしえからおこなってきた土地の造成をいまもおこなっているところである。したがって、かつての地質が埋もれてみえなくなっていることがおおい。そうした自然の上にわたしたちは暮らしているというメッセージを、佐賀平野は送りつづけている。いっけんどこもおなじようにみえる平面の沖積平野だが、その地下情報をみると、自然がつくりあげたさまざまな地質からなっていることがわかる。それに協働、共生することが重要であるということである。

こんにち、沖積平野にはまんべんなく市街地が、均等な市街地がひろがっている。しかし、平野そのものは、こうした形成の経緯をもっているから、けっして均一ではない。均一にはできていないのである。だから、市街地化も、それにしたがってすすめてゆかねばなるまい。

六——

水辺は遊び庭

火の文化と決別した

稲作国家を樹立するため、海から、そして内陸の湖盆から、水辺を獲得したわたしたち。その水辺になにか特別の感情をいだくようになったとしても、ふしぎではない。それは、水辺におけるわたしたちの行動にあらわれている。

それが、はやくも、『記紀』の「神代」に記されている。要約すると、つぎのようになる。

イザナキとイザナミの二神は国生みにつづいて神生みをするのだが、さいごに火の神を生んだことでイザナミは病の床に臥しついに亡くなり、黄泉《よみ》の国へ帰っていった。子の火の神によってイザナミを失ったことをなげいて、イザナキは火の神を剣で斬ってしまう。そして、いとしいイザナミの後をおいかけた。そこでイザナキがみた光景は、身体中に蛆がたかり雷がごろごろとなっているイザナミであった。その恐ろしさにびっくりして逃げかえるイザナキを逃がさじとばかりにイザナミは追いかける。さいごの黄泉平坂《よもつひらさか》に千引《ちびき》の岩を引きすえて、イザナミ「一日に千人締め殺しましょう」、イザナキ「ならば一日に千五百の産屋を建てよう」と言いあって、決別する。

記述はつづくのだが、これがなにを伝えようとしているのか。イザナミを失ったあまりにイザナミとのあいだにできた子の火の神をイザナキは斬り殺してしまったことが、なにを語ろうとしているのか。

イザナミが帰っていった黄泉の国でのイザナミのようすから、イザナミは火と深くかかわる世界の人間であるとみてよい。その火の世界のイザナミが火の神を生んで死んでしまうことも示唆的だが、火の神もイザナキによって殺され、イザナキはイザナミの世界と完全に別れてしまう。

ということは、イザナキは火の世界とのかかわりを完全に断ち切った、ということである。火の世界といえば、土器や土偶の製作や火で岩を砕く蹴裂などをかんがえれば、縄文人の世界である。イザナミは、平坂つまりヒラ坂を生活領域にしているということから、ヒラ族つまりヒナ族の出身とおもわれる。「火の文化」に生きる縄文人である。

シベリアからやってきた遊牧民の出であろう後発の渡来人であるイザナキのアマツカミ族は、

火の文化の先住民のヒナ族と組んで、みずからの国家建設をはかろうとしたのだが、それを放棄したということが語られているということである。縄文人の「火の文化」との決別をつげたのである。

それまでに海や川、風・木・山・野、山野の土・霧・谷といった諸神を生んだ段階で、つまり大地を把握できた段階で、縄文人の火の文化から離れて、あらたな世界にはいっていったということを伝えているのである。

それにしても、火の文化との決別は、なんとドラスティックにおこなわれたことか。

そして、なにをしたか。

水辺で行動を起こした

イザナキとイザナミが平坂で決別したとき、菊理媛《くくりひめ》があらわれて、なにごとかをイザナキにつげると、イザナキはそれをうけいれた（『紀』）。が、それがなになのか、記されていない。

そして、黄泉の国をみてしまったイザナキは、水にはいって身を清めるという禊ぎをするのだが、それにククリヒメを帯同したというか、ククリヒメが道案内をしたとかんがえられる。

これはどういうことなのか。

そのククリヒメについて、民俗学者・国文学者の折口信夫（１８８７〜１９５３）は、ククリは泳《くく》り、潜《くく》り、すなわち水中にはいって禊ぎをすることだとし、ククリヒメはイザナキに禊ぎをうながすよう進言したのではないか、という（『古代研究I　祭りの発生』）。

禊ぎの習俗をもつ集団といえば、江南の地からきたとかんがえられる「水の文化」をもつアマ族がいる。ククリヒメという名前からかんがえてアマ族であろうから、イザナキはこれからの国づくりをアマ族とともにすすめることをえらんだ、ヒナ族からアマ族に変えたことをいおうとしていることになる。じっさい、アマツカミ族はアマ族の助けを借りながら、いごの国づくりをやっている。

この禊ぎが、水辺におけるわたしたちの行動の最初の記述である。

しかし、ここに記された内容を読めば、禊ぎという直接的な行動以上に重要なことが込められていることがわかる。

「火の文化」から「水の文化」への移行、ということである。たんに身を清めたということだけではない。

水辺とは、つぎの行動への移行の場、つぎなる世界の構築の場ということである。禊ぎはそのための手続きにすぎないといってよい。

その「水辺の文化」への移行がのちに稲作文化をもたらすのであるから、わたしたちにとって水辺はたんなる水辺ではないといってよい。重要な局面に水辺が登場するのである。

ヒメヒコ制が宣言された

イザナキは、いくつかの場所をたずね、さいごは筑紫の日向《ひむか》の橘の小門《おど》の阿波岐原《あわきはら》で禊ぎ祓えをするのだが、身につけていたものを脱ぎ捨てることから神が生まれ、身の汚れを洗い清めたときに神が生まれた。後者からは綿津見神三神と住吉三神が成り出、それぞれ阿曇《あずみ》族と住吉族の祖とされている。いずれもアマ族である。これらのアマ族がアマツカミ族の傘下にはいったということである。

そして、最後に、左の目から天照大御神《あまてらすおおみかみ》、右の目から月読命《つくよみのみこと》、鼻から建速須佐之男命《たけはやすさのをのみこと》が誕生した。イザナキが生んだ神のなかでもっとも貴いということから、三貴子（さんきし、みはしらのうずのみこ）とよばれている。

イザナキが子どもを生むことはないから、ククリヒメがそれにかかわっていたとかんがえざるをえない。アマ族の血が流れている神々の誕生である。

そして、天照大御神には高天原を、月読命には夜の世界を、須佐之男命には海原をそれぞれ治めることをイザナキからゆだねられた。天照大御神は『日本書紀』では「大日孁貴《おおひるめのむち》」と記されている。大日女《おおひるめ》、つまり日の女である。太陽を管理する巫女ということであろう。おなじく月読命は月を管理する巫女であろう。季節を知る日読み、月日の移り変わりを知る月読みをおこなうのである。須佐之男命は「天下《あめのした》を知らすべし」とされているから、地上の政治をまかせられたということであろう。

天照大御神と月読命は女神――異論もあるが――であり、須佐之男命は男神だから、男女神が対になって社会を守っていくというヒメヒコ制がここにはっきりと宣言されたのである。今風にいえば政教分離である。ヒメつまり女が祭祀をつかさどり、ヒコつまり男が政治をおこなうということである。

この男女協同ともいうべき方式は、アマ族の文化である。

漁業を本業とするアマ族は、男が海で漁をし、女は陸にあって海の天候を見守りそれを男に知らせるという協同がとられてきた。それは、とりわけ沖縄でおこなわれつづけてきた。そして沖縄ではその方式で家の運営ばかりか、国家の経営までおこなわれてきた。

建築学者の上田篤は、このヒメヒコ制で世の中がうまくいってきたのだが、明治になって祭政一致にしてしまったがために、日本の崩壊をまねいたと強調する(『一万年の天皇』)。

このように重大な決定がなされるのが水辺、ということである。

水辺はヘッドクオーター

水辺はまた、今風にいえば、裁判や会議の場としてつかわれている。その記述も、『記紀』にある。

地上から高天原にのぼってきたスサノオに高天原をうばうなどという邪心のないことをアマテラスにしめすために、誓約《うけい》がおこなわれている。誓約とは、あることがらについて、『そうならばこうなる、そうでないならばこうなる』とあらかじめ宣言をおこない、そのどちらがおこるかによって、吉凶、正邪、成否などを判断することである。

アマテラスとスサノオの誓約は、天《あめ》の安河《やすかわ》をはさんで、おたがいのものを交換して、それによって生まれた神の性別で判断をおこなっている。

アマテラスはスサノオの十拳剣《とつかのつるぎ》をうけとって宗像《むなかた》の三女神を生み、スサノオはアマテラスの勾玉《まがたま》から天之忍穂耳命《あめのおしほみみのみこと》など五男神を生んで、スサノオに邪心がないことが証明されるのだが、のちに出雲の統治をまかされることになるオシホミミノ命が生まれるという、重要な局面に天の安河という水辺が登場している。

その天の安河だが、そのごも登場する。高天原に戻ったスサノオがあばれまわるので、アマテラスは岩屋にこもってしまうのだが、そのアマテラスをそとにだすために八百万《やおよろず》の神があつまったところが天の安河の河原だし、岩屋からよびだす祭祀をおこなうときにも天の安河が登場する。

また、出雲を平定するにあたってだれを派遣すればよいか、その会議を、天の安河の河原に八百万の神を招集してひらいている。そのとき、三番目に派遣した天若日子《あめのわかひこ》に平定のためにあたえた矢が、天の原に飛んできたのをみて、それが葦原中国《あしはらのなかつくに》を平定するために射られた矢なのかを判断するために誓約がおこなわれている。「もしそうなら天若日子に当たるな、そうでないなら天若日子に当たれ」と宣言して、矢を下界に落とした。矢はアメノワカヒコの胸に当たりかれは死んでしまうのだが、矢が飛んできた場所が天の安河の河原であった。水辺は、いまでいえばヘッドクオーターのようなところで、そこにあつまって協議したり、情報を発信したり、ソトからの情報をうけとる場所であった。

ところで、天の安河はどのような河を投射しているのだろうか。「安」を「八洲」の借字と解釈して、おおくの洲がある河とする説、「八瀬」としておおくの瀬をもつ河とする説がある。あるいは「天安田」(『紀』)という記述もあることから、「よい河」「平安な河」という意味であるとする説もある。あるいは、これらがふくまれている河が天の安河ということなのかもしれない。

他者との交流の場

水辺があつまる場所であったことは、個人もつどうところでもあったとかんがえてもおかしくない。そのばあいはどうなるか。それも『記紀』に記されている。

出雲の統治をまかされたオシホミミノ命だったが、出雲に降臨する準備をしているあいだに生まれた邇邇芸命《ににぎのみこと》に出雲の統治を譲った。ニニギノ命が出雲をへて筑紫の日向の高千穂に降臨し、そこからさらに薩摩の笠沙《かささ》の御前《みさき》にいたったとき、隼人《はやと》の女神、木花佐久夜毘売《このはなのさくやびめ》をみそめた。そのときに生まれた三神のなかに、海佐知毘古《うみさちびこ》と山佐知毘古《やまさちびこ》がいた。

以下は、海幸山幸として知られている物語である。

あるとき、山での猟をもっぱらとする山幸彦（ホヲリノ命）は、海で漁をする兄の海幸彦の釣り針を借りて海にでたのだが、釣り針を失ってしまった。困り果てて海辺にたたずんでいるとき、シオツチノ神（潮流をつかさどる神）に出会って海にみちびかれ、魚のうろこのように家をならべてつくった宮殿にたどり着いた。

そこで海神の娘トヨタマビメに出会い、その海神の国に三年滞在した。トヨタマビメは御子を身ごもった。その出産にさいし、アマツカミの御子は海原で産むべきではないといって、海辺のなぎさに鵜の羽を葺草にして産屋をつくった。ところが、産屋の屋根がまだ葺き終らないうちに陣痛がはじまったので、産屋にはいられた。そのときお生みになった御子を名づけて、アマツヒコナギサタケウガヤフキアヘズノ命という。

ところが、八尋鰐の姿になって出産する姿をホヲリノ命にみられたことを恥じて、出産を終えるとトヨタマビメは海のはての境をふさいで海神の国に帰っていかれた。そのとき、ウガヤフキアエズノ命を代わりに養育をするようにと妹のタマヨリビメをつかわされた。

最後に、贈答二首（『紀』）でこの物語を締めくくっている。

ホヲリノ命の歌

沖つ鳥　鴨著《づ》く嶋に　我が率寝《いね》し　妹《いも》は忘らじ　世の尽《ことごと》も

（沖にいる鴨の寄るあの島で、わたしが一緒に寝た妹のことは、世のかぎり忘れることはできないだろう）

トヨタマビメの歌

赤玉の　光はありと　人は言えど　君が装《よそひ》し　貴《とふと》くありけり

（明珠の光はすばらしいと人は言うが　あなたの御姿は貴く御立派だとつくづく思います）

『日本書紀』では、トヨタマビメが帰っていったときにホヲリノ命が詠み、トヨタマビメのかわりにつかわしたタマヨリビメにことづけたとなっている。『古事記』では、タマヨリビメにことづけたことはおなじだが、さきにトヨタマビメがうたい、それにこたえてホヲリノ命が詠んだとなっている。また、トヨタマビメの歌は「赤玉は　緒《お》さへ光れど　白玉の　君が装し貴くありけり」になっている。

これで『記紀』は、「神代」の記述を終える。

海神の国とは海に生きる人びとのことで、かれらは島や海辺を根拠としてもっていたということである。アマ族である。

ウガヤフキアエズノ命はあきらかに天孫族とは異なるアマ族の血がはいった御子である。この物語で伝えようとしていることのひとつは、このことであろう。これが、「神代」の帰結である。わたしたちの歴史のあらたなはじまり、ということでもあるということである。

そのウガヤフキアエズノ命はタマヨリビメを妻として四人の御子を生む。そのひとりが、『記紀』が初代の天皇と記す、のちの神武《じんむ》天皇である。

いまひとつは、贈答二首がこの物語の最後、したがって「神代」の最終末に挿入されていることの意図がなにか、ということである。「沖つ鳥」の歌は、元来は海浜でおこなわれた歌垣の歌がこの物語に結合されたものだという（土橋寛『古代歌謡全注釈』）が、ホヲリノ命の海辺での行動はどのようなものであったか。

海辺で、ホヲリノ命は、かなたからやってきた海神の国のトヨタマビメの子の誕生に立ち合い、そしてかなた海神の国に帰っていったトヨタマビメに思いをはせる。つまり、海辺は、他者との交歓・交流の場であり、それをつうじてあらたなものが生まれる場であり、かなたに思いをはせて他者と交信する場であるということである。

川中の聖地

重大決定、裁判、会議や集会、ヘッドクオーター、そして他者との交流の場として『記紀』にえがきだされた水辺。それを実感できるとおもわれる水辺がある。

紀伊半島を流れる熊野川を新宮市の河口から三〇キロメートルほどさかのぼったところ、熊野川と音無《おとなし》川と岩田川の三川が合流する地点、まったくの山中にひろがる中州が、それである。

この中州は、大斎原《おおゆのはら》とよばれている。いっぱんに神をまつるためにはらい清めた場を斎庭《ゆにわ》というが、大斎庭とはいわずに広大な湿地などを意味する「原」をつかっている、大斎原とは神をまつるためにはらい清めた大きな河原ということであろう。じっさい、中州の河原は広大である。

その河原を大斎原というのは、熊野本宮大社の旧社地であるからである。

熊野本宮大社は、現在、熊野川が深く切りこむ山肌の、かなり急な階段を一五〇段ほど上ったさきにひらかれた高台に熊野川をのぞむようにして建っているが、もともとは、熊野川と音無川と岩田川の三川が合流する地点にひろがる、この中州に鎮座していた。それが明治二二(一八八九)年大水害にあい、大斎原に石垣の基礎と石祠を残して現在の地に移転した。

大斎原にあった本宮の全景は、『熊野本宮八葉曼荼羅』(鎌倉末期から室町初期)、年代不詳(江戸中期~後期か)の『熊野本宮并諸末社圖繪』、『一遍上人絵伝』(正安元(一二九九)年の作)

などにみることができる。

陸と川の参詣道もえがかれた『一遍上人絵伝』は、一遍上人とともに諸国を遍歴した聖戒《しょうかい》が上人の入寂後その足跡をたどって遊行したとき、絵師円伊《えんい》がこれに同行してゆかりの地の風物を忠実に写生したといわれており、中世の熊野川がかなり写実的によび起こされる。

現在の熊野川は蛇行をくりかえし、上流からの大量の土砂がそこここに大きな洲をつくりだし、それが河口から本宮あたりまでつづいているが、この『絵伝』をみれば、中世には、蛇行は変わらずとも、洲はあまりなかったのかほとんどかかれておらず、奇岩奇石の渓谷のなかを杉板張り平底の杉舟がくだっていくさまがリアルにえがかれている。

本宮がある三川が合流するあたりには数少ないひろい平地が一面玉砂利の中州でできており、川幅は本宮を越えると急速に狭くなっている。ちょうど川の流れが一息をつくようなところである。この地に本宮が建てられたことも納得がいく。

『絵伝』の境内の西側を音無川が流れ、熊野川に合流している。音無川には橋がかけられておらず、参詣人は徒歩で川にはいって境内にはいるか、熊野川の河口から舟でさかのぼって礼殿のまえに上陸してはいっていく。いずれもしぜんに禊ぎをすませて参詣することになる。

川のなかに聖地がある。川中聖地である。

それも山中にかなりはいったところにある。ふしぎな聖地である。

中州に根拠を置いた

なぜここに、このようなへんぴな場所に、本宮が建てられたのだろうか。

本宮の創設について、『扶桑略記』は崇神《すじん》大王のときと記している。『水鏡』『伊呂波字類抄』『皇年代記』『帝王編年記』に創始にかかわる故事説話がみられる。しかし史料として創設を確認できるものはないようである。

ところが、考古学がその証拠をしめしつつある。崇神大王は初代の神武大王から一〇代目の大王にあたり、『記紀』で「初国《はつくに》知らしし天皇《すめらみこと》」とされている。最初に国土を統治した天皇という。

これまで神話上の人物とされてきたが、大和盆地のまんなかに位置する纏向《まきむく》遺跡の発掘の進展とともに、それが崇神大王の居所と措定され、崇神大王の実在について注目が高まっている。だから、本宮の創設もじっさいにおこなわれたとみてよいだろう。もっともいまのようなかたちのものではないだろうが、崇神大王の在位は三、四世紀ころとかんがえられるから、本宮は千数百年も熊野川の中州にあったことになる。

崇神大王の祖先がはじめて大和盆地の片隅にたどり着いたのち、その中央に進出してやっと国をつくった崇神大王にとって、祖先を振りかえり顕彰しようとしたことはじゅうぶんにかんがえられる。

大和盆地への進出にからむ祖先譚となれば、初代神武大王の「東征」以外にない。東征と熊野川との接点はなにか。それを要約的にしめせば、つぎのようになる。

九州を出発して瀬戸内を東にむかい、そのつきあたり、浪速《なにわ》に到着。川をさかのぼって、河内国草香村（日下《くさか》村）の白肩津《しらかたのつ》に着いた。そこから歩いて竜田にむかったが、道が狭く険しくてすすめなかった（『記』）。そこで、東のほうの生駒山を越えて内つ国（大和盆地）にはいろうとした。そこで長髄彦《ながすねひこ》の軍勢と戦って負け、兄弟を失った。日にむかって戦うのはよくないと戦略を変えて海路、熊野へむかい、狭野《さの》（新宮市佐野）を越えて神邑《みわのむら》（新宮市新宮あたり）にはいり、天磐盾《あめのいわたて》（新宮市の神倉山か）に登った。そこから舟ですすんでいたところ突然吹く風で難儀したが、熊野の荒坂津《あらさかのつ》（場所不詳か）で、神が毒気を吐いて人びとをなえさせた。これを熊野の高倉下《たかくらじ》が一振りの横刀《たち》（『記』）、布都御魂剣《ふつのみたまのつるぎ》を献上して解決した。そして、八咫烏《やたがらす》にみちびかれて内つ国にはいり、畝火《うねび》の白檮原宮《かしはらのみや》で天下を治めることになった。（『紀』をベースに『記』を追加）

この行程をどのように比定するか、熊野にはいってからは明記されておらず、したがっていくつかの説があるが、熊野の神邑といい天磐盾といっているので、その近くとかんがえると、熊野川をさかのぼっていったとみることができよう。かれらは基本的に舟をつかって移動しているから、行けるところまで舟ですすんだであろう。なによりも不案内の土地は陸路より水路のほうが安全である。途中から熊野川にはいったこともかんがえられる。

その到達地点が、熊野本宮大社の旧社地の中州である。熊野参詣もここが舟での参詣の起終点になっているから、東征時もここまでは舟で行くことができたとかんがえてよい。中州は見通しがきくから、だれかがやってきても気づきやすい。くわえて一面の玉砂利だから、歩くとザクッザクッと音がしてものの存在に気づく。熊野川の河原は白い玉砂利がめだっている。白い玉砂利なら、害虫は白をきらうから、その忌避効果も期待できる。

ここに一族あつまって目的と結束を確認し、これからさきのことを協議し、装備をととのえ、鋭気をやしなった。このことをさきの『記紀』の記述はあらわしているのではないか。旧社地の中州は、国づくりをめざして東征するアマツカミ族一族の最後の根拠地であった。

そこからさきは、ヤタガラスつまり現地を熟知している同行者を得て、横刀つまりナタなどで陸路を切りひらいて大和にむかってすすんでいった。

この東征の最終の根拠地である中州を、崇神大王は一族があつまる場として、かれらの聖地とした。崇神大王六五年のことであるという。

熊野にいます神が増幅した

この中州に本宮の存在が確認される最初の史料は奈良時代半ばのものであるが、ひろく知られる存在ではなく部族間に信奉されていたにすぎなかっただろうという(宮地直一『熊野三山の史的研究』)。『延喜式』神名帳には本宮は「熊野坐《くまのにいます》神社」と記されている。熊野に鎮座する、熊野にどっしりと腰を下ろしたような神社である。一〇世紀はじめ、本宮は一柱の神を祀る神社であった。一一世紀になって女神の結《むすびのかみ》神を合祀し、熊野川河口に位置する熊野新宮大社の主神の早玉《はやたま》神も合祀して祭神三座の神社になった。そして、一一世紀末から一二世紀はじめにかけて「五所王子」が勧請され、「四所宮」、回廊、社殿などが整備されたとかんがえられる(佐藤正彦「奈良・平安時代の文献に見える熊野三山社殿の状態」日本建築学会論文報告集第235号)。

ごくふつうの場所に一定の情報価値が付与されることによって神社として成立すると、次々にあらたな情報価値が付加され、神社をいっそう神社たらしめたということであろう。

『一遍上人絵伝』は、鎌倉時代の熊野本宮大社の社殿配置を詳細にえがいている。それは平安時代末までさかのぼることができそうである(図6)。

玉砂利を敷きつめた東西に長い社殿エリアが回廊をめぐらして区画され、そのなかほどに南北方向の廊をもうけ、東西の二郭に分けられている。

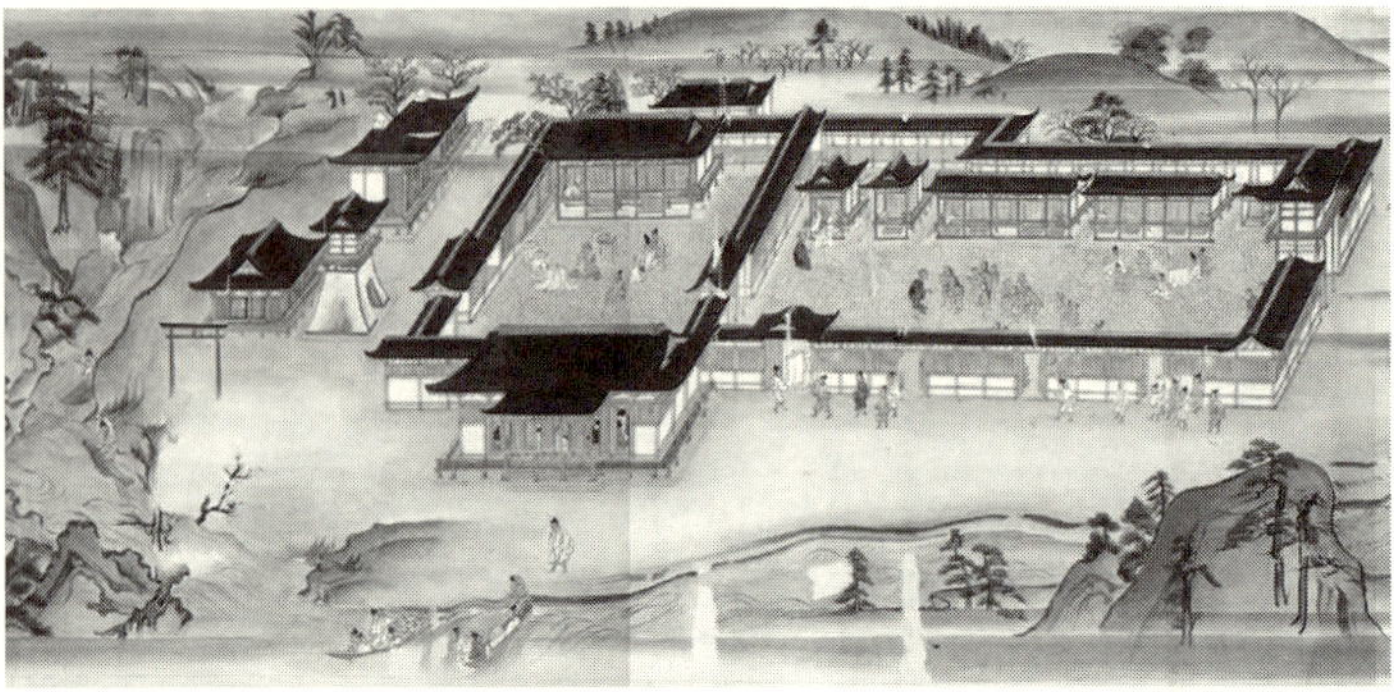

図６　『一遍上人絵伝』巻三にえがかれた熊野川の中州、大斎原の熊野本宮大社。東郭の西端の証誠殿の前で一遍上人が権現に出会って教えをいただいている（出所：国立国会図書館デジタルコレクションより作成）

東郭は西から順に、証誠《しょうじょう》殿一棟（主祭神の家津美《けつみ》御子《みこ》大神）、若一王子《にゃくいちおうじ》（天照大神）の若宮一棟、禅師宮（忍穂耳《おしほみみ》命）・聖宮（瓊瓊杵《ににぎ》命）・児《ちごの》宮（彦穂穂出見《ひこほほでみ》尊）・子守宮（鵜葺屋葺不合《うがやふきあえず》命）の一棟、一万十万（軻遇突智《かぐつち》命）・勧請十五所（稚産霊《わくむすび》命）・飛行夜叉（彌都波能賣《みずはのめ》命）・米持金剛童子（埴山姫《はにやまひめ》命）の一棟がある。

西郭には大規模な一棟があり、西が結宮《むすびのみや》（熊野夫須美《ふすみ》大神）、東が早玉宮（速玉《はやたま》之男神）である。西郭の前面に大きな入母屋造の礼殿《らいでん》がある。回廊には五か所、門が切ってある（カッコ内の神名は熊野本宮大社の公式ホームページによる）。

主祭神の家津御子大神は、「ケ」は一般に食べ物のことをさすから、津は助詞の「の」で、「食べ物をつかさどる御子の神」ということになるが、夫須美大神（熊野那智大社の主祭神を勧請）と速玉大神（熊野速玉大社の主祭神を勧請）と家津御子大神はそれぞれイザナミ大神、イザナキ大神、スサノオノ尊と同体であるとされている。

アマツカミ族の「水辺のニワ」

東西両郭に祀られている神をみると、両郭それぞれにある種のまとまりをみいだすことができる。西郭を占めるのは、熊野三山を構成する熊野那智大社と熊野速玉大社から勧請した神で、それぞれイザナミ、イザナギであり、その両神を一棟に祀っている。アマテラス以前の神である。

それにたいし東郭は、主祭神の家津御子大神とアマテラス大神がそれぞれ一棟に祀られている。禅師宮以下の一棟の神はアマテラスとスサノオの誓約《うけい》から生まれたオシホミミからはじまる神武大王の一代まえまでの各代が祭神となっており、アマツカミ族の系図をしめしている。それが一棟に祀られているのである。残る一棟の四祭神は、イザナミの子カグツチと、イザナミが火の神カグツチを生んで病の床についたときの嘔吐と屎《くそ》と尿《ゆまり》から成り出た農業生産・水・土の三神である。すなわち、アマツカミ族の系譜がみごとなまでに祭神となっているのである。

それだけではない。熊野川の河口と本宮の中間に御妹《みもと》（現、紀和町和気《わけ》）というところがあって、参詣の杉舟が停泊したり舟をあやつる下人小屋があって仮泊することができたが、そこに熊野本宮の末社「御本明神社《みもとみようじんじや》」がある。祭神はイザナキがイザナミと決別したあとにあらわれたククリヒメである（『紀伊続風土記』）。ククリヒメとともにおとずれた地で禊ぎ祓いをして生まれた子がアマテラスであり、ツクヨミであり、スサノオである。

こうしてみてくると、『記紀』を神話というならば、日本の国づくり神話の世界が、それはアマツカミ族の歴史そのものであるが、熊野本宮大社としてじっさいに熊野川の中州に一〇〇〇年もまえから顕彰されていたことになる。アマツカミ族の研修センターといってよいかもしれない。

「ニワ」を「ノマ」つまり野の間とする解釈（ニはノビ伸の語幹ノの転、ハはマ間の音便。松岡静雄『日本古語大辞典』）にしたがえば、この中州はまさにまわりを山々で囲まれた、天然の「野の間」、すなわち「水辺のニワ」である。それが祖先とまじわる「水辺のニワ」、すなわち「斎庭《ゆにわ》」である。

証誠殿のまえで一遍上人が山伏姿の権現に出会って教えをいただくようすを『聖絵』はえがいている。神仏習合になった時代だから、権現との出会いをえがいているが、斎庭はこうした出会いの場であった。それは出会いというより、研修の場といったほうがより適切であろう。斎庭とはいっぱんに神を迎えるために清めた場とされるが、神や祖先とともに研修する場ということである。

水辺の思想

会議の場としての水辺、集会の場としての水辺、他者との交流の場としての水辺、一族のあつまる場としての水辺に、祖先とまじわる斎庭としての水辺がくわわった。だから、斎庭としての水辺には、これらの水辺すべてがふくまれているといってよい。

斎庭とは、神をまつるためにはらい清めた場というだけでなく、会議、集会、他者との交流の場、一族の集まる場、研修の場ということである。

それを特徴づけるものが、水辺にある白い玉砂利である。

これがアマツカミ族が行動をとおしてしめした水辺である。

これがわたしたちの水辺の根底に流れている。「水辺の思想」とでもいうべきものである。水辺はたんなる水辺ではない。いご、これがわたしたちの身の回りにさまざまにあらわれてくる。白い玉砂利がそのシンボルである。

白い玉砂利を敷きつめた斎庭。これは建物を建てる代わりの屋代《やしろ》、建物が建っていない庭である。そこに建物が建てられると、社《やしろ》になる。その建物はあるいは、底つ岩根に宮柱ふとしり、高天原に氷椽《ひぎ》たかしり、であったかもしれない。そこはアマツカミ族の聖なる場である。

この白い玉砂利を敷きつめた斎庭に社が建つという形式が、アマツカミ族の斎庭ということを超えて、神と会う場として全国にひろがり、いわゆる神社になったのではないか。「水辺の思想」の展開のひとつである。

古代の集落の「遊び庭」

アマツカミ族の子孫たちは、熊野川の中州にあつまり、祖先とであい、議論しあって協議し、結束をたしかめあい、そして祖先とまじわる。そういう場として山中の中州、大斎原は意識されたのではないか。

それがどのようなものであったか。

それを実感させてくれるところが、沖縄にある。そのひとつが国頭村《くにがみそん》の比地《ひじ》の集落の小玉森《こだむい》である。

それを郷土史家の稲村賢敷(1894~1978)が、『琉球国由来記』(一七一三年、琉球藩庁編)をもとに昭和三八(一九六三)年ころにフィールド調査して、『沖縄の古代部落マキョの研究』(一九六八年)に「小玉森ノ鳥観図」(**図7**)とともに詳細に報告している。小玉森は『由来記』に記されている比地の集落の御嶽《うたき》のひとつで、居住地とともにある。それが比地の集落である。マキョあるいはコダと称される古代の集落が息づいているという。

国頭村のある沖縄北部の山々はかなり複雑な地形をしているので、正確に表現できないが、北東から南西につらなる山系が東から西にむかって落ちこんでいく尾根の先端、南から北に流

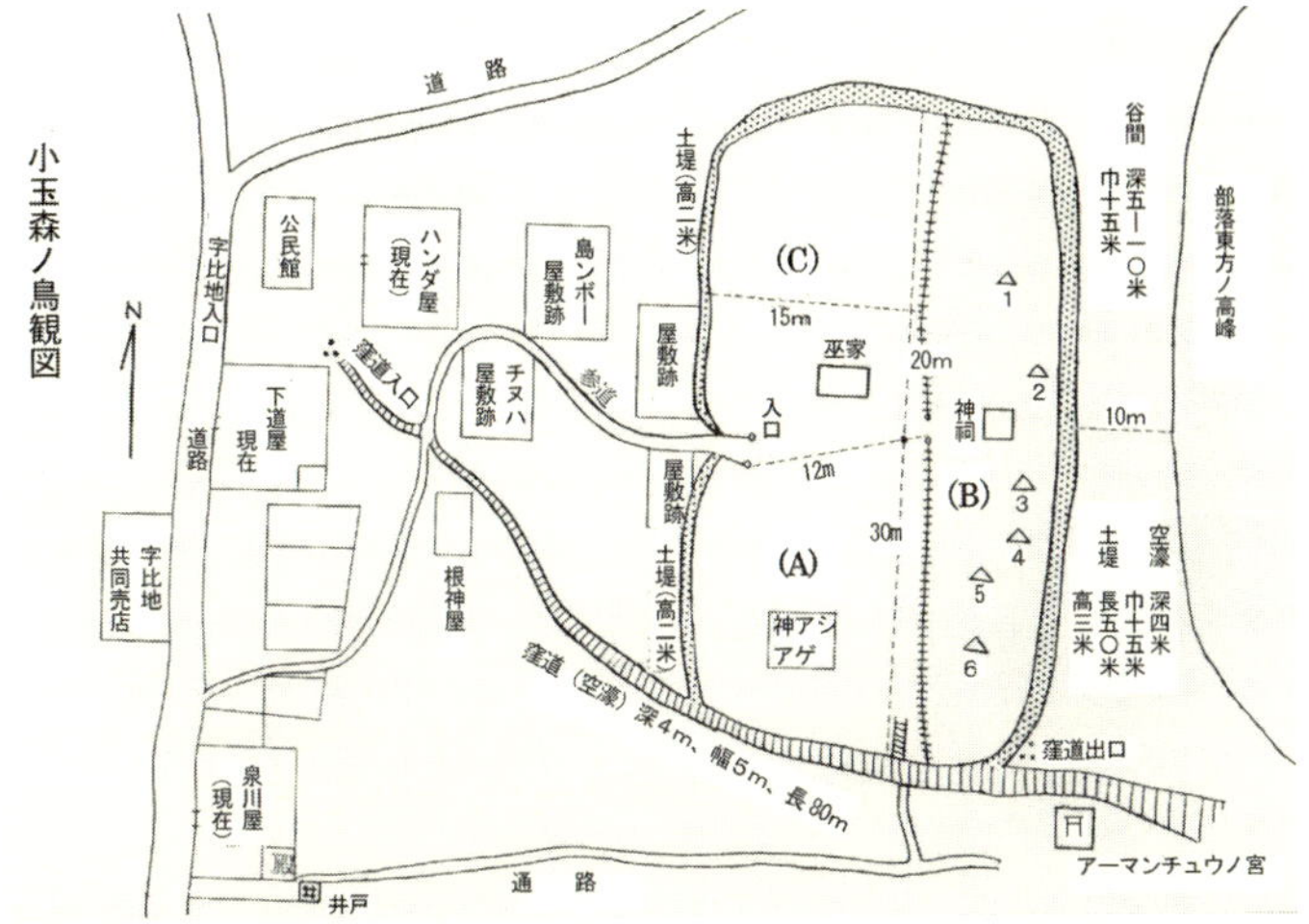

図７　沖縄・国頭村の比地の集落と小玉森。A 遊び庭、B 拝所、C 巫家（出所：稲村賢敷「小玉森ノ鳥観図」から作成）

れる比地川に東から奥間川が合流してまもなく海にはいる合流地点にある山塊に、比地の集落はある。その山すその山塊は断層でつくられた谷間であろうか、山並みからすこし切り離されているので、川の合流地点にできた中州の島ならぬ中州の山のようである。

その西麓の傾斜地につくられた屈曲した小道にそって廃屋になったものもふくめ家屋が七軒確認される。いまは川沿いの平坦地に居住地は移っているが、ここがもともとの居住地である。その奥つまり東側に、平坦な土地がひらかれていて、そこが小玉森である。

東と北と西は高さ二、三メートルの土塁で囲われ、南は人工的につくられたとおもわれるような窪道《くぶ》と称する空濠になっている。土塁は南北には五〇メートルくらいあろうか。

自然にあった平地ではなく、ほとんどが人の手でひらかれたのであろう。そこに小玉森がつくられた。その奥には、やんばるの山々がひろがっている。

小玉森は居住地との境に西にむかって幅約七尺ほどの入り口を土塁にひらき、その入り口から内は三つの区域に大別することができる。

入り口から奥に一二メートルくらいはいったところを生け垣で南北に仕切り、まんなかあたりに二本の石柱をたてた入り口がある。そのなかにはいった中央に一坪半ほどの小玉森の神祠が西面してあり、その背後、東面を中心に一〇本あまりの赤木《あかぎ》の老木がそびえ立っている。この東側の区画の面積は二五〇坪ほどである。

六本の赤木の下には数個の石が置かれたり香炉が置かれたりしており、この東の区画は比地に住む各氏族の拝所となっている。マキョもコダも母系の血族集団を意味するから、比地の集落もほんらいはひとつの血族集団であったであろうが、拝所が六か所あるということは六つの血族集団から比地の集落はなっているということである。

小玉森の入り口からこの拝所までの西側の区画は、南半分のゾーンには柱と屋根だけの建物、神アシアゲがあり、その前が空地になっていて、「あそびなー」という。「遊び庭」である。二五〇坪ほどである。北半分のゾーン、といっても南側と区画されているわけではないが、巫家《ぬるやー》があったところで、南米に出稼ぎにいっているということで、小祠があるだけである。二〇〇坪ほどである。

これが小玉森の空間構成である。

神祠や赤木の木がある東の区画は、香炉を置き祭祀をおこなっていること、東端が谷になっていることなどからかんがえて、古代、風葬墓地であったのであろう。ここを聖所として祭祀をおこない、さらにその中央に神祠を設け、これに奉仕する巫女の屋敷があり、さらにマキョの公会所として根神《ねがみ》たち（集落の元家の根家から出た神女）があつまって種々の協議や行事をおこなう神アシアゲをもうけているということである。

これは、本土の神社そのもの、神社の境域そのものではないか。それが沖縄の古代の集落であり、古代から近年までつづいていた。

水辺のニワは遊び庭

この小玉森の大きな特徴は、神アシアゲがあり、そのまえに空地つまり遊び庭があることである。比地の神アシアゲは柱と屋根だけからなる、壁も天井も床もない建物である。神アシアゲで協議や行事などが終われば、人びとは遊び庭で海神祭《うんじゃみ》に興じる。根神たちは持参した清水で御水撫《おみなで》をして神となって供物をうけ、山神と海神になって呪歌をうたったりして演じる。『記紀』の山幸海幸が想い起こされる祭りだが、ここでは『記紀』では放逐された海神が主役になる。それに集落の男たちもくわわって演じられていく。根神はかんぜんに神になっているから、眼にみえる神との遊びである。そしてそれを人びとがみまもる。神とともに、集落の人たちとともに、遊ぶのである。それが小玉森の祭りである。すなわち、それを血族集団の森つまり血族集団の集まり場でおこなう。それが遊び庭である。

神アシアゲは建物でないばあいもあり、それがほんらいの姿であったともされる（稲村前掲書、仲松弥秀『神と村』）から、遊び庭はもともと建物のない斎庭であったといってよい。神アシアゲのあたりには白い貝殻が散在していたりもしていたというから、神アシアゲは遊び庭の一画に白い貝殻を敷いただけの場所だったのだろう。

小玉森は、山のなかにひらいた間《ま》、ノマすなわちニワである。聖なる庭、斎庭である。そこに血族集団があつまって協議や行事をおこなった。熊野川の中州でのアマツカミ族の行動は、そのようなものではなかったか。

熊野本宮大社の旧社地の熊野川の「水辺のニワ」は、斎庭というより「あそびなー」というのがふさわしい。

「水辺のニワ」は、ひとことでいえば、遊び庭、「あそびなー」である。

なんでもない水辺でも、そこに一定の情報価値が付与されれば、「水辺のニワ」とみなされるようになる。そうすると、「水辺」はすべて「水辺のニワ」となる可能性をもっていることになる。

「水辺」は遊び庭である、といってよい。

曲水の宴としてひろまった

「水辺のニワ」は、水辺の遊び庭、「あそびなー」として、大王すなわち天皇や貴族のあいだに、「曲水の宴」のかたちをとってひろまっていったとかんがえられる。

曲水の宴とは、旧暦三月三日におこなわれた、参会者が庭園などの曲水の流れにそってところどころにすわり、上流から流される杯が自分の前を通りすぎないうちに詩歌を詠じて杯を取りあげ酒を飲み、次へ杯を流し、別堂でその詩歌を披講するという遊びであるとされる。

曲水の宴はもともと中国のもので、中国ではふるくから上巳《じょうし》に水辺で禊ぎをおこなう風習があり、それが三月三日に禊ぎとともに盃を水に流して宴をおこなうようになったとされる。

よく知られているのが東晋の永和九（三五三）年三月三日、書聖・王羲之の「蘭亭曲水宴」である。会稽《かいけい》の蘭亭で王羲之が文雅の名士四一名をまねいて禊ぎの宴をもよおしたもので、曲水に盃を浮かべて各自が詩を課した。これが日本では襖絵や屏風にえがかれて流布した。

奈良時代後半からさかんにおこなわれるようになったが、すでに五世紀末、顕宗《けんぞう》大王のときに宮廷でおこなわれたことが『日本書紀』に記されている。

(元年《はじめのとし》の)三月《やよひ》の上巳《かみのみのひ》に、後苑《みその》に幸《いでま》して、曲水《まがりみづ》の宴《とよのあかり》きこしめす。

(二年の)春三月の上巳に、後苑《みその》に幸《いでま》して、曲水《まがりみづ》の宴《とよのあかり》きこしめす。是《こ》の時に、喜《ねむごろ》に公卿太夫《まえつきみたち》・臣《おみ》・連《むらじ》・国造《くにのみやつこ》・供造《とものみやつこ》を集《つど》へて、宴《とよのあかり》したまふ。群臣《まえつきみたち》、頻《しきり》に称万歳《よろこびもう》す。

(三月三日、御苑にお出ましになって、曲水の宴がおこなわれた。このとき公卿大夫、臣・連・国造・伴造をあつめて、とよのあかりをされた。群臣らはさかんによろこびを申し上げた。)

(三年の)三月《やよひ》の上巳《かみのみのひ》に、後苑《みその》に幸《いでま》して、曲水《まがりみづ》の宴《とよのあかり》きこしめす。

これだけの記述である。この三回ののちには記述がなく、八世紀にはいって『続日本紀《しよくにほんぎ》』にみられるようになる。そのため、このころに曲水の宴がおこなわれたか不明とする説もある。それはともかくとして、『記紀』の宴とは、どのようなものであったのだろうか。

宴は一般に「うたげ」と読まれている。人類学者の渡邊欣雄は、主客相互の人間関係あるいは神人関係が「うたげ」にはあり、饗される共食物は呪力を帯びた象徴的な意味合いをもつという(「宴の意味」『日本の美学8』)。それだけに「うたげ」は肉感的要素を強くもつ。

宴はまた、さきにみたように、「とよのあかり」とも読まれている。「豊明」「豊楽」の漢字があてられている。使用事例をみると、天皇あるいは皇后がもよおしたばあいにつかわれている。宮廷の宴ということであろう。

酒食のもてなしには「饗《あえ》」もつかわれている。これは服属儀礼としての食物の供献・共食儀礼、海外からの使者や遠来のものにたいする飲食のもてなし、さらには中央・地方の豪族や役人にたいするもてなしにもちいられており、「宴」と区別している。ということは、「饗」の部分が「宴」から分離し、政治的機能をもつようになる。それにともなって、本来、神を迎えて神人一体化する時空の宴の場が、天皇と臣下の支配と服従の関係を確認し強化する政治的な場へと変化していく。そうした天皇の権威も、本来は自然の農耕サイクルを秩序づけそれと一体化するところに基盤をもつところから上昇したものだが、宴の開催も自然の時間の秩序にそっておこなわれる必要があった（坂本勝「宴と王権——古事記・日本書紀の事例から」日本文學誌要53巻）。

これが、曲水の宴でおこなわれた「宴」である。「めぐりみずのとよのあかり」である。アマツカミ族の末裔の「とよのあかり」である。熊野川の大斎原でアマツカミ族がおこなったであろう行動とおなじものであってもおかしくない。

州浜で政治をおこなった

では、曲水の宴、「めぐりみずのとよのあかり」はどのような場でおこなわれたか。

中国では、明の李計成の著書『園冶《えんや》』がしめすように、大理石の床に曲折した流れを鑿《さく》り、

図８　平城宮の曲水の遺構（出所：奈良市 HP）

龍頭の口から噴出する水を引いて流すもので、その床は壇状をなしていて、四方開放四本柱の建物が建ち、宝形の屋根がつく（中根金作「曲水考」造園雑誌49巻4号）、というスタイルになっている。

これにたいし日本では、さきにみた王羲之の「蘭亭曲水宴」にえがかれた野の川のような構図を中心に流布した。

その曲水の宴の奈良時代の遺構が、昭和四二（一九六七）年、平城宮の東南隅で発見された。水路とおもわれる石敷がくねくねと曲がって池とおもわれる石敷につながっていた。池にはその水際のところどころに景石《けいせき》をすえて複雑に曲がっている。池の傾斜はゆるやかで、川から池のなかまで玉石がしきつめられていた。「州浜」である。州浜で「とよのあかり」をもよおしたのである（図8）。

「水辺の思想」のシンボルである玉石をしきつめて、「とよのあかり」をもよおしたのである。

この形式は中国からもたらされたものではない。日本で特徴的にみられるものである。それは奈良時代にとつぜんにあらわれたものではあるまい。以前からなんらかのかたちであったものであろう。それを追っていくと、熊野本宮大社の旧社地の熊野川の中州にたどり着く。宴の意味を重ね合わせれば、曲水の宴はアマツカミ族があつまって談義し結束をたしかめあった熊野川の中州、「水辺のニワ」を再現しておこなわれたのではないかということである。

建築学者の上田篤は、「豊の明かり」とは、たくさんの火、つまり豪族たちのかまどの火をあつめてきてひとつにした火のことをいう。それは豪族連合を象徴する火で、その火を守り代々うけついでいく「火継ぎ」が大王すなわち天皇だった。皇位の継承を日嗣というわけである、という（『庭と日本人』）。

曲水の宴は、天皇にとって「あそびなー」の水辺のニワでおこなわれるたいせつな行事、いや政治であった。「水辺の思想」がこのようなかたちで姿をあらわした。

七——

水辺のニワがすまいになった

古代の貴族のすまい

京都に都が置かれた平安時代、平安京には貴族たちが住まっていた。かれら上層階級のすまいがどのようなものであったか。実物が残っていないし、かといって高度に発達してきた市街地ということもあって発掘に期待することもできず、したがって『源氏物語』などの物語や『年中行事絵巻』などの絵巻、その室礼《しつらい》や調度を記した『類聚雑要抄《るいじゅうぞうようしょう》』、『中右記《ちゅうゆうき》』などの日記類からその復元がこころみられてきた。

それによると、すまいは壁をもたない板敷の高床建物群からなっており、中心となる一棟を寝殿《しんでん》とよび、その東西あるいは背面などに対屋《たいのや》とよばれる建物を配し、それらを渡り廊下ともいうべき吹き抜けの渡殿《わたどの》などで連結している。寝殿も対屋も平面は同一である。寝殿の南には庭がつくられ、その南には池庭がつくられ釣殿や泉殿が置かれることもある。

このようにあきらかにされているのは、里内裏（内裏の外に仮にもうけた天皇のすまいである御所）にもなりうる最上級の屋敷であり、中小規模のものはほとんどわかっていない。

これを、後世、寝殿造とよぶようになった。江戸時代末期、天保一三（一八四二）年に会津藩士で国学者・儒学者であった沢田名垂が『家屋雑考《かおくざっこう》』でもちいた呼称である。寝殿造が成立するのは一〇世紀半ばから一一世紀とされるが、寝殿造の具体像について説明できる史料が残るのは一二世紀以降である。とはいえ、寝殿造が突然にできたとはかんがえにくいから、以前からあったとするのがふつうだろう。

その寝殿造の発生について、建築の形式を中心にいろいろと論じられてきたが、いまひとつはっきりしない。そこで、寝殿造の特徴的な側面に立ちかえって見直してみると、いくつかの寝殿造像が浮かびあがってくる。

すまいに壁がない

寝殿造の建物の特徴にはいくつかのものがあるが、その最大のものは、ほぼすべての建物が固定壁をもたないことである。というのは、そのまえの奈良時代のすまいとくらべると、あきらかに異なっているからである。

といっても、奈良時代のすまいもわずかしかあきらかにされていない。そのひとつで現存する最古のものとされる法隆寺東院伝法堂の前身建物は聖武天皇の橘夫人が献納した住居と伝えられているものである。その桧皮葺切妻屋根の高床建物を切妻方向に奥の桁行三間の室とその前の桁行二間の堂に分け、室は板壁で囲い、堂は吹き放ち、堂のまえにはベランダがもうけられている。

平城京左京三条二坊で発見された住居址では、橘夫人住居とどうようのものとかんがえられるものや、庇をもつと推測されるものがある。だから、奈良時代、上層階級のすまいは壁のないすまいということではなかったとかんがえてよかろう。

それ以前のすまい、つまり古墳時代や弥生時代のすまいはどうだろうか。現物は残っていないから、そのようすはそれらの時代の発掘物にたよることになる。ところが、住居址の発掘では柱痕などしかわからず、そのさらなるようすは埴輪屋などの形象埴輪、建物などをえがいた銅鏡や銅鐸、絵画土器、環頭大刀の装飾などからうかがうしかない。

古墳から出土する埴輪屋は、立体的である分、より具体的に建物が表現されているとかんがえることができるが、粘土で製作するという性格上デフォルメされていることもおおいかもしれない。それには特徴的な屋根のほかに柱、壁、開口部などがほどこされている。ただ、窓や戸口、壁面の詳細はさだかでない。

考古学者の広瀬和雄は、大型壺に線刻の絵画がえがかれることが顕著で、おおくが弥生時代中期後半のものである弥生土器をとりあげ、そこにおおくえがかれている高床建物の特徴を八つあげている。そのなかで、そのほとんどが屋根に床が直接ついていることにふれている(「弥生時代の『神殿』」『日本古代史――都市と神殿の誕生』)。屋根が住居内外をへだてる壁になっているということである。

こうした遺物から判断するかぎり、どうやら外壁がないということはなさそうである。

家屋文鏡はなにを語るか

よりくわしくみていこう。

発掘された遺物のひとつ、奈良県河合町の佐味田《さみた》宝塚古墳から出土した古墳時代初頭の家屋《かおく》文鏡《もんきょう》とよばれる銅鏡には、高床建物、平地建物、高床倉庫、竪穴建物とされる古墳時代の建物が四棟えがかれている。

それをえがき起こしてこの鏡を論じた建築家の堀口捨己(1895~1984)は、全体を貴人の住居のひとかまえとみて、「堂・室・倉・添屋」、あるいは中国の宮殿の発達についての思想の表現として、「堂・室・巣・窟」とした(「佐味田の鏡の家の図について」『古美術』196)。

いっぽう、首長居館の遺構の発掘が増加していくなか、衣蓋《きぬがさ》がたてかけられていることから竪穴建物を首長居館とみて、家屋文鏡をその歴史的背景や意図とともに読み解くこともこころみられてきた。

建築史家の木村徳国（1926～1984）は、衣蓋をもつ竪穴建物は部族の長として支配するクニツカミのすまい、高床倉庫は食物の神ウカノミタマを象徴するクラとみる。露台状の張り出しと衣蓋、手すりのついた刻みはしごをもつ高床建物は貴人のすまいであるとする。その居住者は、当時の祭政二重の権力構造から、宗教的王者とする。よりつきすすめてかんがえれば、巫女に代表される宗教的女王のすまいではないかという。基壇とおぼしきものの上に建ち両開き扉とおもわれる開口部をもつ平地建物については、大陸風の建築様式ではないかとしている。したがって、家屋文鏡には、部族が分立する段階の建物、祭政一致の二重権力をなす時期に宗教的王者が出現した段階、倭国政権が成立した段階を象徴する建物がえがかれているとする（「鏡の画とイヘ」『日本古代文化の探究・家』）。

建築史家の池浩三は、これらの建物群が王位の就任儀礼のために新設されたものとみる（『家屋文鏡の世界』）。すなわち、高床倉庫から稲穂が本儀のまえにとりだされ、平地建物の酒殿または炊殿で酒あるいは飯にされる。新しい王は禊ぎを終え、竪穴住居の室にはいり、それを飲食し床に臥して穀霊的性格をもつ王となる。高床建物の高殿で即位式がおこなわれ、その前にもうけられた露台で即位を宣言したのち、建物内にはいって国見をおこない、国土を賛美して王位就任の儀式が終る。家屋文鏡はこのことを物語っているというわけである。この解釈は大嘗祭の場を想定しているものである。

いっぽう、考古学・日本史学の小笠原好彦は、家屋文鏡にえがかれた建物は、楼閣建築だけでなく平地建物、竪穴建物、高床倉庫にも霊樹と二羽の鳥がえがかれていることに注目して、いずれの首長居館の建物も神仙界で首長が深いかかわりをもつことを想定してえがかれたのではないかという。つまり、四種の建物が鋳出された家屋文鏡は、これを所有する首長にとっては、神仙界に迎えられることを保障する威信財として意義づけられたものと理解できるというのである（「首長居館遺跡からみた家屋文鏡と囲形埴輪」日本古代学第13号）。

四種の建物がワンセットになってしめされていることに大きな意味を認めたこれらの論考は興味深いが、いまいちど建物をみると、高床建物の床上部分と平地建物には横線が引かれており、板壁なのか蔀戸なのかといった特定は不可能だが、なんらかの固定的なものでおおわれていることはまちがいない。それにたいし、高床建物の床下部分には、掘立柱のあいだに山形の模様がほどこされており、床上部分とは異なる表現がされている。地面までむしろのようなものが吊り下げられているのであろうか。いずれにせよ、これらの建物には壁や戸のない建物はえがかれていない。先史の建物と寝殿造には、どうやらこれといった接点はみいだせないようである。

ということは、寝殿造は奈良時代もふくめ先史からのつながりがないことになり、どこかの時点でなんらかの理由であらたに誕生したものということになるとかんがえざるをえない。

「ヤシロ」に住まう

それをかんがえるきっかけが、壁がないということにある。

壁がないということは、屋根と柱からなる建物ということである。それは「ユカの建築」ということになる。ユカしかないのであれば、それはもう建築というわけにはいかない。すると、「ヤシロ」という表現がぴったりする。屋代すなわち屋の代わり、である。寝殿造は「ヤシロ」である、といってよい。

寝殿造は貴族など上層階級のすまいである。この壁のない吹き放ちの建物、「ヤシロ」にどのように住んだのだろうか。『源氏物語絵巻』などにその住まい方が垣間みえるし、平安時代後期の摂関家寝殿の室礼をじっさいにそれにあたった人物が記した『類聚雑要抄』の巻第二に、東三条殿移徙《いし》（貴人の引っ越しのこと）寝殿指図と室礼指図が記されており、普段の生活スペースのようすを知ることができる。

指図には、北庇に二か所、柱間二間《ふたま》の居住スペースが、母屋と南庇にまたがる居住スペースが一か所の計三か所の居住スペースが記されている。そのつくり方は、寝殿の北庇では、とりはずしのできる障子や屏風、衝立障子、簾、垂布《たれぬの》などで区画するというもので、柱間二間あれば一間の寝所と一間の御座からなる居住スペースをどこでもつくることができたようである。寝殿の母屋では、その四周に壁代《かべしろ》をかけ垂らし、そこに屏風を立てめぐらし、そのなかに御帳や御座を置いて居住スペースをつくる。御座は御帳の西側と南庇に敷物を敷いてしつらえる。御帳の東側は高麗帖を敷いて更衣にあてたようである。

このように、寝殿造では可動の間仕切りをつかって居住空間を確保したから、寝殿造は自在につかえるすまいというか、建物であった。

ということは、住むためにあとからはいりこむこともできる建物、それが寝殿造であるということである。移徙指図はそのことをマニュアル化したものであるといってよかろう。

祭住一致のすまい

その寝殿造の「ヤシロ」で、なにがおこなわれたか。

寝殿造でよく知られているものに、東三条殿がある。藤原北家発展の基礎を築いた良房の邸宅にはじまり、忠平をへて兼家へ伝えられたもので、兼家がその西対を内裏の清涼殿に似せてつくり世の非難を浴びたはなしは有名である。そのご、道長が所有し一条、三条両天皇の行幸を迎えている。歴代の摂関家本邸として伝わり、公私の重要行事がこの邸でおこなわれ、また近衛、後白河両天皇の里内裏になった。東宮憲仁親王の御所にもちいられていた仁安元（一一六六）年に焼失したのちは再建されなかった。師実の大臣大饗《たいきょう》が東三条殿でおこなわれた康平三（一〇六〇）年以降、焼失までの約一世紀にわたって被災することなく維持され、その期間の邸内建物の配置と規模をおおくの資料で復元することができ、平安時代後半期の上層公家邸宅の規模とつくりを明確に知ることができる。

それをみると、太政官の長である太政大臣が太政官の全官人を屋敷にまねいて正月におこなう宴会である正月大饗、大臣任官時におこなう任大臣大饗、近衛府の大将に任じられたときにおこなう任大将饗、立后大饗、春日祭使出立、正月の宴会である臨時客、元服《げんぷく》、着袴《ちゃっこ》などさまざまな儀式が東三条殿でおこなわれている。

それらの儀式の主たる場所であるが、正月大饗は寝殿母屋、任大臣大饗と任大将饗は寝殿南庇、立后大饗と春日祭使出立は東対母屋、臨時客、元服、着袴は東対南庇がもちいられている。そのほか、東対南広庇や東孫庇、東中門廊がもちいられる儀式もある（川本重雄『寝殿造の空間と儀式』）。いたるところが儀式につかわれている。それが寝殿造という住居である。ということは、「祭住一致」のすまい、ということである。

寝殿造は「遊び庭」に建つ

正月大饗は寝殿の母屋を主たる場所としてもちいる唯一の儀式であるが、その一連の儀礼は寝殿だけでなくその南庭ももちいて進行する。つまり、寝殿と南庭とが一体となって儀式の場が設定されているのである。

ということは、正月大饗時には、寝殿の母屋と庇の数か所は屏風と壁代をめぐらすものの、庭もふくめた屋敷地全体のなかに柱と屋根による吹き放ちの建物が建つような状況が現出するといってよい。そうした空間が塀をめぐらした屋敷地にあらわれるのである。

それは、琉球の伝統的な斎庭である、柱と屋根の建物の神アシアゲが建つ「遊び庭《あそびなー》」とおなじような空間である。山すそのやや平らなところを土塁などで切り取ってつくられた琉球の「遊び庭」は、基本的に、元母をもつ血族集団の祭祀の場である。一族のものがあつまって祖先とともに遊ぶのである。正月大饗も、血族集団でこそないものの太政官という疑似一族のような集団の儀式であり、その場が「遊び庭」と似ているのである。

両者を対比すれば、寝殿は「遊び庭」に建つ神アシアゲにあたる建物、といってよい。神アシアゲは祭祀の主催者である根神《にーがん／ねかみ》たちのみが立ち入ることができる建物である。寝殿もその主人が住む建物である。神アシアゲは日常的につかわれるものではないが、寝殿は日常的につかわれるものである。だから、住居が一時的に祭祀の場としてつかわれるという状況が生じることになる。臨時の祭祀建物となるのである。

それだけに、寝殿造は祭祀建物になるだけのものをもっているものでなければならないことになる。すると、逆に、神アシアゲのような祭祀建物に人間が一時的に住みつくことからはじまって、それが恒常的な住居になったのかもしれない。

最初の大王と『日本書紀』が記す崇神《すじん》大王が関連する遺跡ではないかとかんがえられている奈良県桜井市の三輪山の山麓の扇状地にひろがる纏向《まきむく》遺跡で、三棟の掘立柱建物がしっかりした軸線上にならんで配され、その周囲を柵で囲んだ遺構が発見された。そのまえには祭祀をいとなんだ遺構があることもわかった。さらにそのまえには大王たちの墳墓がすこしかたまってつくられている（本書九「水辺から都市が生まれた」参照）。建物の規模と配置の仕方から首長居館ではないかとされるが、あるいはこうした祭住一致の建物であったかもしれない。

「水辺のニワ」のすまい

寝殿造の南庭は、一面に白い玉砂利が敷かれている。「水辺のニワ」といってよい。一面の白い玉砂利がそのことを象徴的にあらわしている。「水辺のニワ」とは、崇神大王が建てたと伝わる熊野本宮大社の旧社地である熊野川の山中奥深くにある中州の大斎原《おおゆのはら》、すなわち広大な水辺の斎庭《ゆにわ》に発するものである。

すると、一面白い玉砂利の「水辺のニワ」に屋根と柱だけの建物が建っている、それが寝殿造であるということになる。白い玉砂利のニワのすまい、「水辺のニワ」のすまいである。それに近いとおもわれる光景を現在の京都御所にみることができる（図9）。「遊び庭《あそびなー》」でくりひろげられる琉球の集落の血族集団の祭祀ではないが、太政官という疑似一族のような集団が寝殿造の屋敷地にあつまって、拝礼、宴、賜禄がおこなわれるさまは、天皇やその始祖たちが白い玉砂利の「水辺のニワ」でおこなったことを再現してみせてくれるかのようである。それは、正月大饗の進行から察すれば、一族の結束をたしかめるということなのであろう。

図9　一面に敷きつめられた白い玉砂利上に建つ高床建物の京都・小御所（出所：宮内庁参観案内HP）

最上級の寝殿造は里内裏として内裏の外に仮にもうけた御所の役割を果たしていたし、南庭の南には池が掘られ、北東から遣水が流れこんでいたから、そのような寝殿造は平安京の大内裏と、その南東につくられた後苑《みその》である広大な神泉苑《しんせんえん》とをいっしょにしたような構成になっている。平城京の後苑では曲水の宴、つまり「豊《とよ》の明《あ》かり」の祭祀がおこなわれていたことが発掘調査であきらかになったし、『日本書紀』にでてくる曲水の宴も後苑でひらいたと記されている。曲水の宴をおこなう後苑は「水辺のニワ」を模したものであったろう。

だから、後苑をとりこんだ寝殿造の貴族の居館で、すこしかたちを変えたかもしれないが「豊の明かり」版の正月大饗がおこなわれたとしても、ふしぎではない。正月大饗が太政官の儀式ゆえに天皇の儀式から離れたとすれば、それが貴族の居館である寝殿造でおこなわれるようになったのは、しぜんのなりゆきであろう。

寝殿造の起源について、中国の影響を直接的にうけたとか、それをうけた内裏の影響のもとに成立したものであるとする説があるが、それ以前に「水辺のニワ」のようなベースがあったのではないか。

段差による場づくり

寝殿造でおこなわれる大きな儀式である正月大饗で、その場はどのようにしつらえられるのか。建築史家の川本重雄があきらかにする律令時代の正月大饗をみてみよう（「寝殿造の成立と正月大饗」日本建築学会計画系論文集第729号）。

尊客とよばれる主賓にたいして宴会への来臨をもとめる招客使の派遣から、一連の儀礼ははじまる。つぎに、宮中から宴会で供される蘇と甘栗——天皇からの下賜——をたずさえた勅使が到着する。主人の大臣から勅使に禄がさずけられる。主賓の尊客が到着すると、外記《げき》・史《し》

図10　壁のない高床建物の寝殿造でおこなわれる大饗の賜禄の儀（出所：『年中行事絵巻』住吉家模本、国立国会図書館デジタルコレクションから作成）

以上の参加者が南庭に整列して拝礼がおこなわれる。

そののちに寝殿などにもうけられた宴席に着き、酒宴となる。寝殿の母屋に大臣以下参議までの公卿、寝殿の庇に弁と少納言が着く。五位までの太政官の役人が寝殿に座を占めるのである。六位以下の外記・史の座は渡殿もしくは対の南面である。寝殿の南庇には親王の座、簀子縁に一世源氏の座と皇族の座がもうけられる。平安後期になると、中島の幄舎《あくしゃ》（いまでいえばテント小屋）に史生《ししょう》・官掌《かんじょう》のような下級の役人の座ももうけられた。

そして、酒宴のあいだ、寝殿の南庭で鷹飼と犬飼の入場や舞楽が演じられ（雅楽寮の官人による）、これを見物しながら参加者は酒宴に興じる。

宴席が終ると、寝殿の席についていた公卿、弁・少納言は寝殿の簀子縁にもうけられた穏座《おんざ》に席を移り、参加者に禄を支給する賜禄の儀となる（**図10**）。参列の客は身分の低いほうから順に南庭に整列し、禄をうけとったのち、順次退出し、さいごに尊客が引き出物の馬をうけとって退場し、宴会は終了となる。

このように、太政官に所属する全官人をまねいておこなう正月大饗の儀式では、寝殿の母屋と庇と簀子縁、渡殿と対屋、池庭の中島と、寝殿を中心にさまざまな場所がつかわれるのだが、それは太政官の職階によって使い分けられている。それは寝殿と対屋、渡殿、南庭の使い分けにとどまらず、寝殿のなかでも母屋と庇、さらには簀子縁というように、同一の建物のなかでも位階によって使い分けられている。それを可能にしているのが庭–簀子縁–庇–母屋というひとつながりの建物構造である。そこには大小の段差があって、それが使い分けに有効に作用している。

寝殿造はなぜ高床か

その段差を生みだしているのが、高床である。高床であれば、母屋をささえる柱列の前面に別の柱列を配し、そこまで母屋の屋根を延長すれば、よういに庇空間をつくることができる。それも一重だけでなく二重にすることもできる。庇–孫庇である。幅をひろくとれば広庇となる。外へ外へとひろがっていく仕組みをもつ建物である。高床建物ということは、寝殿造のいまひとつの大きな特徴である。

その高床は、現在のわたしたちのすまいにみる、床上五〇センチメートルほどの低い床ではなく、人間の背丈ほどもあろうかという高く持ちあげられた床である。

両者は構造的にまったくちがっている。わたしたちの住居の床は建物の主たる構造である柱から切り離され、束柱という背の低い柱によってささえられている。それにたいして高床は、建物をささえる柱に直接にとりついてつくられている床である。柱と柱の間に横架材をいれ、その上に分厚い板をならべることによって床にしたものである。

したがって、高床建物には、柱を立てる技術と、柱と柱をむすぶ技術が欠かせない。長いあいだ、高床建物は弥生時代にならないとみられないといわれてきたが、先史遺跡の発掘がすすむにつれ、縄文時代にすでに高床建物があったとかんがえられる発見があいつぐようになった。

青森県の三内丸山縄文集落遺跡では、直径二メートルほどの柱痕六つからなる掘立柱建物一棟と、複数の掘立柱建物が発見された。後者の掘立柱建物群は、墳墓がつらなる道が集落のひろばと交差する場所にもうけられていることをかんがえれば、葬祭に関係する建物であるようである。それにたいし、前者の大型の掘立柱建物はひろばのなかにあって柱痕サイズから推測するとかなり高く立ちあがっていたとかんがえられている。集落全体のなんらかの役割をはたす建物であったようである。そこには高床が置かれていたのではないか。

それを確信させるのが、縄文早期からつづいた小矢部市の桜町遺跡である。縄文中期の層から貫穴《ぬきあな》、栈穴《えつりあい》、ほぞ穴とよばれる加工をほどこした木柱が発見され、また木材を凸凹に削って組み合わせる渡腮仕口《わたりあごしぐち》の技術もあったことがわかってきたのである。こうした技術があれば、ツルなどで柱に固定された部材に板材を懸けわたすという方法でなく、高床をつくることができるので、ここには高床建物がまちがいなくあったとみてよい。ちなみに、この遺跡では、網代壁の芯材に葦のような草木類をすだれ状にならべて、屋根や壁につかわれたとかんがえられる建築部材もみつかっている。

高床建物は稲作とともにもたらされた、つまり稲倉としてつくられたのをはじまりとするというのではなく、稲作以前からあった建物である。

「水辺のニワ」に回帰して発展した

こうしたことをふまえると、国づくりをめざしたアマツカミ族が最終的に大和に到着するまでに、「底つ岩根に宮柱太しり、高天の原に千木高しりて」と、巨大な掘立柱建物を出雲をはじめとしてかれらが降りたったいくつかの場所に建てたように、大和を手に入れたかれらが「水辺のニワ」というかれらの聖域に建物を建てるばあい、高床建物をえらんだとかんがえても、けっしておかしくはない。天磐船《あまのいわふね》(『日本書紀』)という木造船を自在にあやつっていたとおもわれる高木文化をもっていたアマツカミ族は、高床建物を稲作とともにかれらの文化としてえらんだのではなかろうか。

絵画土器などにえがかれた建物のおおくが高床建物であるのも、高床建物が建物のなかで特別な存在であったことをしめしているとかんがえてよかろう。ただ、その理由はさだかでない。地面から高く持ちあがった姿になにかを感じたのかもしれない。アマツカミ族はそれに目をつけたのではないか。

高床建物が高殿であり、高床住居であり、高床稲倉であったであろうことは、これまでの諸調査、諸研究がしめしてくれる。いずれも上層階級というか、リーダークラスの建物である。

そういう機能はアマツカミ族があらためてとりいれたものとかんがえてよかろう。

たとえば、稲倉とはたんに収穫した稲を食糧として保管するというだけのものではない。翌年の稲の植え付けのための稲種を保管するところでもあった。それはとうぜんのことながらリーダーがおこなうべきことである。それゆえにリーダーたるのである。それが天皇がおこなう大嘗祭、新嘗祭——それは穀霊を身につけること——として今日まで伝えられているとかんがえてよい。

のちに出挙《すいこ》という制度がつくられたが、それは地域の支配者である首長が種稲を支配民に貸し与え、収穫期に収穫のなかから初穂料として首長に進上した日本古来の慣習との関係が指摘されているものである。『日本書紀』の孝徳天皇二(六四六)年三月一九日に「貸稲《いらしのいね》」と記されている。これが出挙の前身ではないかとされている。出挙は、稲倉からもたらされたものであるというわけである。

その高床がリーダークラスにあったから、同族ばかりではない集団の儀式の場であるだけに、「豊の明かり」の場を構成する平面的な遠近、つまり中心と縁辺という関係をつかうだけでなく、立体的な上下もつかった関係確認の場を高床がつくりだすことになったのではないか。

その場はまた、曲水の宴をおもわせる儀式であることから、一部を壁や塀などで囲い込んだりしてつくるのではなく、全体を見通すことができるひろい平面的な場であったであろう。その儀式の場に、床だけの、高床の建物をもたらした。それが寝殿造である。このようにかんがえると、寝殿造が理解できるのではないか。

どこかの時点で、その直接の契機はわからないが、結束ということをもとめる儀式をなりたたせるために、リーダーのすまいに「遊び庭《あそびなー》」としての「水辺のニワ」がよみがえったとかんがえざるをえない。

「水辺のニワ」に原型回帰したうえで、威を張る高床建物というあらたなものをとりこんで発展をとげ、それが一般につかわれるようになり、そしてつぎの時代の書院造へとつながっていった。

八――水辺がすまいを進化させた

水辺で暮らしつづけた

わたしたちは、裸足《はだし》・素足《すあし》の住生活、高さがすこしずつ異なるおおくのユカからなる住空間、そして足の裏で土間、板床、畳をこするようにして歩く住行動をもっている。それがわたしたちの住文化である。このような住文化を世界のなかでみいだすことはほとんどない。

平らなユカ面も平らな裸足・素足も、水辺で得たものである。ということは、平らなユカである水辺に平らなアシであらためて暮らしてきたことが、世界に類をみない平らなユカと平らなアシをわたしたちのすまいにもたらしたのではないか。水辺に暮らすことが、すまいをも発展させることになったのではないか。

水辺で暮らしつづけてきたことが、平らなユカと平らなアシの相互作用、つまり平らなアシが平らなユカを変え、平らなユカが平らなアシを変えるということをどんどんすすめていったのであろう。水辺がすまいの空間を、生活を、行動を変えていった。

そのことがわたしたちのすまいに、わたしたちのすまいの精神になにをもたらしたのだろうか。わたしたちはすまいになにをみとめながら、暮らしてきたのだろうか。庶民のすまいの歴史をひもときながら、さぐってみよう。

ユカに特別な感情をもっている

いま、わたしたちは、家のなかで履物を脱ぐ。それは身についた習慣で、なぜそうなのかなどと問うこともない。

ところが、そうした上下足分離の生活習慣は、日本のほかには、朝鮮やビルマなどごくかぎられた地域にしかみいだせない。

ましてや、土間は下足、板間はスリッパ、畳間は素足と、ユカによって履物を使い分け、しかも、ユカに直接に尻をつけるという、ゆか坐の生活をくりひろげるとなると、もうほとんど例がない。

スリッパは西欧から輸入されたもので、西欧では寝室にかぎってもちいられたものであるが、わたしたちは玄関のたたき、廊下、居間、縁側、便所、浴室、勝手口、庭といった各所にスリッパをおき、一つひとつのスリッパの使用範囲を限定している。それを超えて使用することは無作法な行為とされてもいる。

上下足分離を超えたユカによる履物の使い分けの生活様式とゆか坐の起居様式、それはいずれもユカに関係する。わたしたちはユカにたいしてなにか特別な感情をもっているとかんがえざるをえない。たんに土足のままで家のなかまではいりこむことにたいする不潔感から生みだされたといったものではない。

ユカといえば、現在のわたしたちの住居のほとんどをうずめつくす板張りが頭に浮かぼう。そうした住居形式は、「板敷《いたじき》」とよんでいた奈良時代にまでさかのぼって現存する。それ以前のことを知ろうとすると、遺構の発掘に期待するか、文書のなかに板敷ということばをさぐるか、不十分ながらそれ以外に方法はない。

そうした方法でこの板敷をたどっていくと、土間の一部にもうけられた「板床《いたゆか》」の存在に到達する。そのようすは、伝統的な農家や町家にみられる土間《どま》と床上《ゆかうえ》との関係を思い浮かべればよい。それを小規模にしたもの、あるいは単純化したもの、とかんがえればよい。板床つき土間、というほうがわかりやすいかもしれない。

このような板床は、ふるく先史時代からみられる竪穴住居に確認されるようである。竪穴住居とは、地表面を五〇センチメートルほど掘りさげてつくる住居のことである。その一隅に、短い垂直の柱である束柱《つかばしら》でささえられた、板床らしい痕跡が発見されている。古墳時代の住居址とされる長野県平出の第二二号竪穴住居址では、東西約六メートル、南北五・四メートルの住居址の一隅に、二・四メートル×一・八メートルにわたって溝を掘り、そのなかに二列にならんだ小さな柱穴が発見されたが、それが束でささえられた床の痕跡だとされている。

この板床、つまり住居の主体構造とは切り離され、束柱で地表面からじかにささえられた板床は、いったい、なににつかわれたのだろうか。寝室、あるいはそうした住居そのものがなにか特別の用途に供されたなどとかんがえられてきたが、はっきりしない。

土間と共存する板床

それはこうかんがえられないか、とアメリカの歴史家ルイス・マンフォード（Lewis Mumford, 1895～1990）はいう。そもそも住居という構築物は人間のためのものではなかった、のちに人間がそこにはいりこんでいったのだ、と。

かれは、「食物採集や狩りは、ただ一つの場所における永続的な定住を促さないが、死者は少なくともそうした特権を要求する」（『歴史の都市　明日の都市』）と指摘する。たしかに生身の人間はどこにでも住める。雨露をしのぐだけなら、樹の下でも岩陰でも可能である。しかし、死者はそういうわけにはゆかない。死者との交信、それが生者にとってもっとも必要なことであり、人間居住のひとつの出発点であった、というのである。

インドネシアのバリ島の村々の伝統的な住居に、一か所だけ開口された一室住居の奥のつきあたりに板床を張った土壁の土座住居がある。その板床スペースにカミ座が置かれ、供物がそなえられ、ちょっとした祭祀空間になっている。カミはかれらが信じるカミで、祖霊神ではない。由緒ただしい神である。土地のカミといってよいかもしれない。家人が亡くなったとき、安置する場になることもある（中岡義介・大谷聡他『バリ島巡礼』）。さきにみた日本の板床つき竪穴住居をほうふつとさせてくれる。

わたしたちの先史時代の住居址のなかでも板床つき土間の住居がそれほどおおく発見されていないことをかんがえれば、板床つき土間は、そうした死者との交信のためにもうけられた場であったかもしれない。のちになって、生者を超えたものとの交信、土地のカミとのコミュニケーションの場となったかもしれない。というのは、農家などのわたしたちの伝統的な住居の板の間、そこは家族の居間にあたるが、そこには神棚が置かれ、基本的に由緒ある土地のカミが祀られるようになるからである。

こうした板床は、「土間」と共存する高さのユカであることを特徴とする。板床をとりのぞけば土間となるが、そうなっても、板床は建物の主体構造とは切り離されているから、建物自体はしかと存在し、住居としてそのままつかえる。とすれば、土間との共存とは、たえず土間を意識してのことではないか。つまり、板床は土間があってはじめてその意味がでてくるもの、ということである。板床は、たんに腰を掛けたりというためにあるわけではない。

上層階級の住居では、古代の寝殿造をはじめとして、そののちの主殿造、書院造といった、住居空間のほとんどを板床でうずめる住居形式が出現してくるが、江戸時代、内裏では喪に服すときユカをとりのぞき、土間としてその場をしつらえたことにもしめされるように、上層階級の住居においても土間と板床の関係はその底流にあったとみてよい。

ちなみに、土間と板床からなる住居で、その発生時から基本的に上下足分離がおこなわれていたとかんがえてよいだろう。先史時代の住居のようすを知るうえで重要な役割をはたす大嘗宮にかんする研究は、畳の足元にあたる端にくつがそろえてあることなど、上下足分離がおこなわれていたとみてよいであろうことをしめしてくれる（平井聖『日本住宅の歴史』）。

土間は最初のユカ

では、土間とはなにか。

土間は現在のわたしたちの住居から姿を消してしまった。かつて農家や町家にかならずみられた土間は、戦後の生活改善運動で、まっさきに改善すべき対象としてとりあげられた。そこには、土間のもつイメージの暗さ、あるいは低さといったものが感じとられる。しかし、そうしたこととは裏腹に、土間にはもっと重要なことがかくされている。

竪穴住居の掘りさげられた地表面は、いわゆる地表面とはちがって、人工的につくられた地表面である。建築的な住居におけるユカの発生とみてよい。このような竪穴住居の存在はすくなくとも縄文時代からみとめられるが、そこでの生活がもっぱら土間であったことは、掘りさげられた面に石をならべて炉を切り、また土器を置いた痕跡が考古学的発掘調査によってあきらかにされていることから、あるていど推察できる。それが土間である。

世界の原始住居が土間住居であったように、土間は洋の東西を問わず、人間居住の場に共通して存在する。その特徴は、それが人間の手によってつくりだされた最初の平らなユカであることにある。土間は、人間によってつくりだされた平らなユカの原初である。

では、なぜ人間は居住の場に平らなユカをつくりだしたのか。

その理由は居住、つまり「住む」ということばにかくされている。

「住む」ということばは、避難とか居を構えるといった消極的な行為ではなく、自分を追いだそうとするものにはげしく抵抗して大地にしがみつくという積極的な行為をしめしている。

わたしたちの世界では、カミの種類は数おおく、しかもそれぞれの生活空間をもっていると信じられてきた。この世はカミの生活空間で満ちみちている。そこに人間がはいりこんでいく。日本における人間の歴史とは、カミと人間それぞれの場所をさだめていく行為の連続、といってよい。

平らなユカ、それは平らなアシがかかわってもたらされたものであるが、そうした行為の原初的、空間的発現のひとつであり、住居ではそれが土間としてあらわれたのである。したがって、いご、平らなユカは、住居において、世界の地域の風土や社会などと関連して、さまざまに発展していくことになる。

ユカに人格をあたえた

西欧では、平らなユカと平らなアシとのあいだに靴をみいだし、靴に人間の全人格を代表させた。平らなユカに着目しなかったのである。そのけっか、西欧では平らなユカは土間以上に発達することはなかった。なぜ靴なのかについては、牧畜との関係がかんがえられるが、ここではその指摘にとどめておく。そうした靴にたいする特別な感情は、アシと靴とが一致することによって幸せを手にいれるシンデレラ姫物語や、新婦が新郎にわたす嫁入り道具に靴一足がそえられる伝統的な結婚儀礼などにみることができる。屋内での土足にこだわるのも、素足になることは裸を人前にさらけだすこととおなじとおもうからである。

それにたいし日本では、平らなアシが直接ユカに接することで、平らなユカそのものに人格をあたえた。アシがユカにのり移ったとすれば、ユカは人格を有するようになる。ユカを、人間と対等の存在とみたのである。ユカと人間は会話をするような関係にある。

人格を得たユカは、そのご、どんどん発展してゆく。そこにはたえざる平らなアシとの対話がある。そうしたことは、芸能、さらには所作にまでひろくとりいれられている摺足にみることができる。摺足とは、足の裏で地面をこするようにしてしずかに歩く所作のことである（図11）。まるでユカと会話しているような所作である。

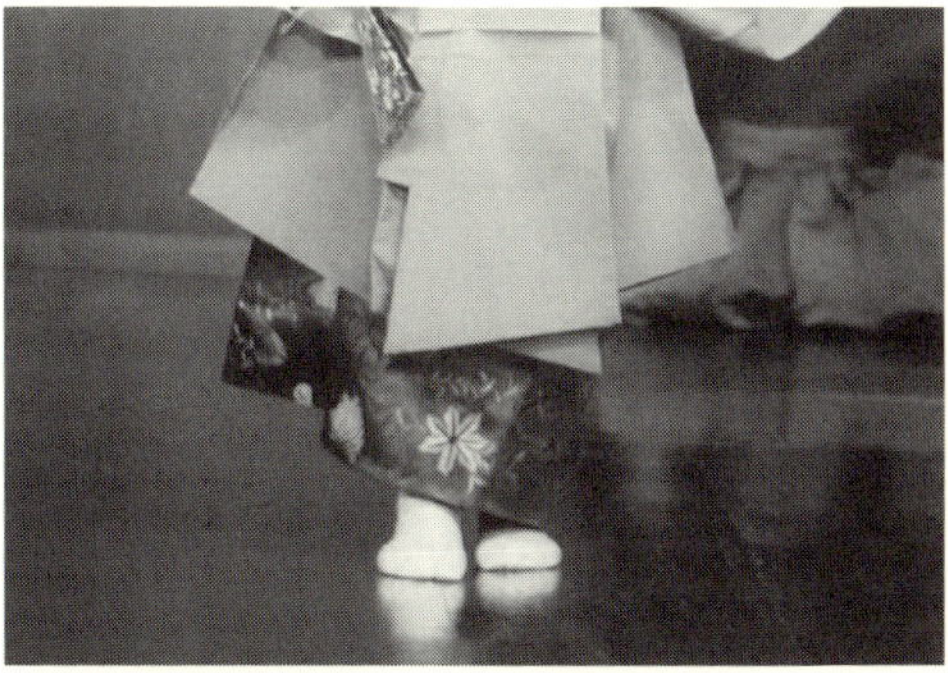
図11　芸能にみる摺足（出所：緑桜会 HP）

そのようなことがどうして生まれたのか。水辺で手にいれて陸で暮らすようになった平らなアシを、ふたたび水辺で暮らすことになってさらに発展させていったとしかかんがえようがないのではないか。

では、わたしたちは、土間に、どのような人格をみいだしたのか。

わたしたちがはじめてつくったユカである竪穴住居の土間には、石で囲ってつくられた炉がある。炉にはたえず火があり、それで料理をつくったり、暖をとったり、明かりをとったりしていたこととおもわれる。こうした生活行為は、住居のなかでなければならないということはない。それに、開口部がない竪穴住居は、日中はあまりつかわれなかったとおもわれる。日中は基本的に外ですごしたことであろうから、火はむしろ外にあったほうが便利かもしれない。

それにもかかわらず竪穴住居のなかで火を絶やさなかった。ということは、あるいは、竪穴住居は火の容れ物であったかもしれない。それを象徴するものが土間であった。火がたえずあるところ、火というカミがいるところ、火をまもるカミがいるところ、それが土間であったといってよい。そのように土間に人格をあたえたのである。

そこに人間がはいっていった。

伝統的な民家などで土間にあるかまどに火の神をまつる習俗があることが、そのことをいまに伝えている。

土間のイメージと空間

それにもかかわらず、土間のイメージの低さ、悪さ、暗さがつくられたのは、なぜだろうか。

それは、逆説的だが、ユカに人格をあたえたことによる。

土間と板床のあいだに存在する差は、すくなくとも『記紀』にみる国《くに》つ神《かみ》と天《あま》つ神《かみ》の対立までさかのぼることができよう。日本語の「住み」には、「澄《す》み」という意味がある。魑《ち》魅《み》魍魎《もうりよう》の世界から澄処《すが》澄処《すが》しい場所をとりだすことが、住むことであった。

土にへばりついて生活する国つ神を、天つ神は土蜘蛛《つちぐも》とか穴居《けっきょ》の民《たみ》などとよんで、徹底的に軽蔑した。そこに両者の差が生まれた。そのとき、高さの差ではなく、ユカが異なっていること、それが重要とされた。

それはのちに、朝廷などで殿上人《てんじょうびと》、地下人《ぢげにん》を意識的につくりだしていったことによって助長された。殿上人は板床、地下人は土間、と異なるユカで暮らす、というのである。この板床は土間と共存する板床とは発生を異にするもので、掘立柱の高床建物の板床のことである。貴人の住居では高床建物の板床がはやくから採用されていた。

それにたいし、地下人たる庶民の住居では、町屋では平安時代末期のようすを伝える『信貴山縁起絵巻』からその空間構造を知ることができるが、そこには土間と一段高くなった板張りの床がえがかれており、それは寝室であったであろうと推測されている。この形式は現存する町屋に一般的にみられるものである。農家で一部でも板床が確認できるのは近世前後で、平出遺跡の住居址にみるような土間と板敷の構成がみられる（図12）。

ただ、近世にはいってからでも、農家に板敷を禁止する地域もあった。長野県秋山郷の民家・山田家（一七五〇年ころに建設）が板敷の部分をまったくもたない住居であったことはよく知られているが、加賀藩の領内でも平野部でまったく板敷の部分のない農家が第二次世界大戦まではあったことが報告されている。また、江戸時代、東北の諸藩で農家の板敷を禁じた法令がさだめられていたことは、一般の農家が土間住居であったことをしめしている。庶民の住

図12　現存する最古の民家の土間と板床（「箱木千年家」神戸市北区、国指定重要文化財）（撮影：中岡義介）

居の板床、いわゆる板の間は土間と共存する板床なのだが、それがこうした制限をうけたのである。

その土間生活はどのようなものであったのだろうか。奈良時代初期の下級貴族出身の官人であった山上憶良の長歌、貧窮問答歌（『万葉集』巻五）に、「伏《ふせ》廬《いほ》の曲《まげ》廬《いほ》の内に　直土《ひたつち》に藁《わら》解き敷きて」とあるが、土間は土だけでつくられているのではなかったとみてよいだろう。粘土に藁や籾をしきまぜ、つき固めてつくる後世の庶民住居の土間の構造にもみるように、保温性と弾力性をもつ土間床で、ゆか坐の生活をいとなんだとかんがえてよいだろう。後世、土足で土間にはいらなかったりもした。

畳に照射された土間

わたしたちの住居ではベッドと椅子とがほとんど発達しなかったのにたいし、ベッド、椅子、そして敷物という三つの性格をあわせもった畳を発達させてきた。土間を温存し、板敷をつくりあげ、さらに畳というユカを発達させてきたわたしたちの住居は、材料がそれぞれ異なる三つのユカによってつくられるようになった。

畳の字義は、（1）たたむ　たたまる、（2）かさねる　積み重ねる　折り重ねる、（3）おそれる、（4）もめん　綿布の類（角川書店版『漢和中辞典』一九五九年）とされるから、その語源は、物を折りたたんだり、積み重ねたりすることからきているとかんがえることができる。畳の発生をそういうものとかんがえれば、わたしたちの住居には、畳はかなりふるくから存在することになる。

たとえば、奈良県新沢村の竪穴住居では、土間の一部に木の枝やアンペラの茎で編んだむしろのような敷物を敷いていたようである。高床建物でも、板床の上に植物の繊維や動物の皮、布地などをうすべりのように敷きつめたり、ふとい葦などを編んだ円座《わろうだ》をもちいて暮らしていたと推察される記述が『記紀』にみられる。

現在の畳、すなわち置畳が住居内で確実にみられるようになるのは、平安時代にはいってからである。当時の上層階級の住居である寝殿造の室内のようすをえがいた絵巻物をみると、畳は人が座るところ、あるいは寝るところだけにかぎられている。畳が敷きつめになるのは、武士の住居である書院造になってからであり、応仁の乱（一四六七年）のころである。それまでは、へやの周囲に畳をおき、中央は板の間とする「追い回し」という敷き方が一般的であった。

ちなみに、へやの大きさをしめす単位として畳数がつかわれるようになるのは、畳が敷きつめになるころからで、それまでは「間《ま》」という単位がつかわれていた。

置畳以降の畳の発達の歴史は、身分社会を前提とした接客空間の発展とともに語られる。敷きつめ畳があらわれる以前では、身分の差は畳の重ね枚数や畳のへりの色によってあらわされた。それ以降は、書院造の上段の間に代表されるように、へやそれ自身に格式をあたえることによってあらわされた。つまり、身分の差は住居内の場あるいは空間のヒエラルキーとして空間的に表現されたが、それは高さの違いのみならず、材料の違いとしても展開された。

ともあれ、板敷あっての畳、ということである。

このことは、身分の差をあらわす手段として、土間でみられたゆか坐の起居様式が板敷の上でふたたびあらわれたとみることができよう。

すなわち、わたしたちは、ふるくから土間の上に藁や籾を敷きつめて暮らしてきた。すでにみたように、人間定住のおおいなるしるしとしての土間は、どうじにカミのいますしるしであった。土間に敷きつめられた藁や籾は、もともとカミの場所であった土間を人間が占拠し、共棲したしるしなのかもしれない。とすれば、畳には、そうした土間が照射されている。

庶民の住居にこんにちみるような畳がはいってくるのは、上層階級の住居とのかかわりからもたらされた冠婚葬祭の空間としての性格をもつ座敷としてであり、上層階級にくらべればきわめてあたらしいものである。

その畳に庶民はどのような人格をみとめたのか。それは、仏壇を座敷に置くことにしめされるように、血族集団の座として座敷をみたのである。

仏壇を板の間や土間に置くことはない。土間、板の間、畳の間をそれぞれ、火のカミのような由緒不詳のカミ、土地のカミといった由緒正しいカミ、そして人間のカミすなわちホトケの場として人格で使い分けることによって、それぞれと共存しているのである。

框が発達した

わたしたちの住居は基本的にこの三つのユカ、すなわち土間、板の間、畳の間によって完成されたとみることができるが、より詳細にみると、もっとこまかく区切られたおおくのユカを発見することができる。

それを生みだしているのが、框《かまち》である。

框とは、ユカの段差処理の建築技術のひとつである。ほんらいは建具の四周をかためる部材のことであるが、ユカに段差があるときの、高いほうのユカの端に見切りとしてとりつけられる横木のことをさす。

その一本の横木にすぎない框が、「えんがまち」とか「あがりがまち」、「とこがまち」というように、多様に使い分けられて発展している。構造的にも必要な足もとの一本の横木というにとどまらず、装飾がほどこされているばあいもおおい。

その框が一種の結界となって、ユカの階層分化をおしすすめ、空間の分化と拡大を助長した。框によってつくりだされたユカによってそれぞれのへやの役割をさだめ、住居の空間はどんどん機能分化していっているのである。ということは、住居空間の分化と拡大にあたり、ユカが人格をもってあらわれているといってよい。

それをもっともシンボリックにしめすユカが、床の間《とこま》である。床の間の成立は書院造においてであるが、その発生と展開にはふたつの異なるかんがえ方がある。

ひとつは、上段の間が普遍化したものであるとするものである。置畳の時代には畳の数や種類によって身分をあらわしていたが、敷きつめ畳の時代になると、それだけでは不十分となり、畳の間より一段高くなった建築化された畳重ねの空間、すなわち上段の間が生まれた。そして、それが床の間になった。すなわち、格式空間としての意味をもつというわけである。

もうひとつは、仏画をはじめとする掛軸形式の絵画を掛ける押板《おしいた》からはじまったとするものである。掛軸は、壁をすこし後退させ、そこに厚い板をはめこんで掛けられた。その発生はおおむね応永年間(一四〇〇年前後)と推定されている。この押板が建築化されて床の間になった。すなわち鑑賞空間としての意味をもつというわけである。

このようなふたつの発生をもつ床の間は、前者は武士の住居に、後者は町人の茶室にというように、それぞれ独自に発展していくのだが、いずれのばあいも、框によって畳より一段高くつくられ、床の間独自の存在を強めていくことになる。

ユカは外にもむかった

床の間にみるように、住居の内へとはいりこんでいったユカがあるのにたいし、住居の外にむかっていったユカがある。縁である。

縁の歴史は、ふるい。古墳時代の家屋文鏡《かおくもんきょう》にかかれた高床建物には、露台のようなものがしるされており、それが縁であるとみることもできる。古代の貴族の宮殿をいまに伝えるとされるある種の神社建築には、高欄のついた縁がめぐらされている。奈良時代の住居建築とされる法隆寺東院の前身建物には、簀子縁がめぐらされている。平安時代の寝殿造では、建物の周囲に板敷の大床、簀子敷をつけ、また母屋を中心に庇、広庇、又庇といった細長い空間がとりまいているが、それらは幾重にもなった縁である。武士の書院造になると、はっきりと広縁《ひろえん》、落《おち》縁《えん》としてつくられるようになる。

このような縁の原型のひとつというか、縁のきざしは、ひとつの土間からなる土間住居にもとめることができるようである。

いまのところそれを史料的にあきらかにすることはできないが、歴史時代までの住居のようすをいまに伝えるとおもわれる古代における大嘗宮正殿の内部空間の使い方がそれを示唆してくれる。皮付きの丸木でつくられ、床板は張られず地面の上に直接青草の束などを敷いた掘立柱の建物の内部空間は、三方を壁で囲まれた閉鎖的な空間である「室」と簾によって囲われた開放的な「堂」からなっているが、儀式の次第をみれば、堂は室の前室としての性格が強かったとかんがえられ、堂・室を一体のものとしてつかっていたとみてよい。

土間住居も、埴輪屋をみるかぎり、出入り口が中央になく、端によった柱間にもうけられていることは、空間的にそうであったかどうかは別として、すくなくとも使い方として大嘗宮正殿のようにその内部が堂と室のように分けられていたから、とみることができる（平井、前掲書）。この堂が外に出ていった、とかんがえられないかということである。

完成された農家では、畳の間である座敷の縁が正式の玄関である。上層階級の住居の影響をうけ、それをとりいれたとかんがえられる座敷の縁が、冠婚葬祭時に正式の玄関としてつかわれた。

縁も、住居をとりまく付属空間ではなく、ひとつのはっきりした機能、人格をもって発展している。

「にわ」はユカである

住居の外部にもユカをみることができる。庭、にわである。

現在いうところの庭、すなわち鑑賞用の庭は、本格的には書院造から生じたものであるとみてよいだろう。このような庭は古代には「しま」とよばれ、「にわ」とは区別されていた。「にわ」とは、なにかものごとをおこなう場所を意味していた。たとえば、農家には、住居建物のまえにかならず庭がある。前庭である。農作業をする場所のことである。たんなる空きスペースではない。もうけるべくしてもうけたスペースである。それが「にわ」である。ちなみに、土間のことを「にわ」とよぶこともおおい。それは、土間がたんに土などでできたスペースではなく、農作業の場であることをしめしている。

『万葉集』などには、「屋前」と記して「にわ」と読ませているが、それは邸内または階前のオープンスペースをさしている。そうしたスペースをわざわざ「にわ」とよんでいるのである。したがって、「にわ」は、本来的には、地表面以外にはなにもないものの、とくにつくりだされた、あるいは他と区別された地表面の空間、ユカであったということになる。そこには、「にわ」にたいする特別な意識の存在をうかがうことができる。民家において屋敷神が存在することは、このことと無関係ではないであろう。

ユカはコミュニケーションの場

かくして、わたしたちの住居は、住まう場は、さまざまなユカによってつくりあげられてきた。それぞれに異なる人格をもつユカの集合体、それがわたしたちの住居である。しかもそれは、ふるい時代から積み上げられることによってつくられてきたものである。あたらしいユカがふるいユカにとってかわったのではない。ふるいユカはそのままにしてあたらしいユカがふえていったのである。

それゆえ、ユカがおおいということは、たんにその多さが強調されるのではなく、積み重ねられたユカの存在、すなわちユカの重層性ともいうべき事実にこそ着目しなければなるまい。そのことがわたしたちの住居を大きく特徴づけているのである。

このユカの重層性には、あらゆる時代をつうじて存在する、ユカにたいする人びとの意識、ユカ観ともいうべきものがひそんでいる。

ユカは、たんに人びとが生活する面というだけではない。土間にみるように、いわゆる地表面からある部分を切り取ることには深い意味がふくまれている。それは、ひろい意味での超自然の世界に深くかかわっている。それをひろくカミというならば、ユカは、人間の生活面ではなく、カミとの共存の場、カミとのコミュニケーションの場として存在するものである。

カミとのコミュニケーションは、ときにはモノである。竪穴住居ではカミ＝火であるし、高床建物ではそれを倉とみればカミ＝稲霊《いなだま》である。『記紀』には剣や弓矢がカミであったことが記されている。

わたしたちの住居がすべからくゆか坐の起居様式であることは、こうしたカミとのコミュニケーションが緊密なものであったことをしめしている。カミと人間とは、一線を画するような関係にはなく、むしろ一心同体的な関係にあったといってよいであろう。

それは平らなアシがもたらしたものだが、平らなアシは水辺で暮らすことから手にいれたものである。浜辺で、おもうともなく裸足になることがおおいのも、この平らなアシゆえである。浜辺ではアシとのあいだに履物があると歩きにくい。裸足なら、アシの指が砂をかんで、浜辺を歩きやすくしてくれる。砂を嚙みしめながら、歩くことになる。砂の感触がアシをとおしてからだ全体に伝わってくる。水辺のユカがからだのなかにはいってくるようである。

どうようの感触は、土間や板敷、そして畳からもアシをつうじてからだに伝わってくる。しかし、それらは浜辺のそれとは微妙にちがっている。それぞれの感触もちがっている。そうであるのも、平らなアシ、平らな裸足、素足ゆえである。

この平らなアシを、わたしたちは、二回も手にいれたのである。

水辺の平らなアシがわたしたちの住居、とくに庶民の住居を世界に類をみないほどのものに発展させた。

九——

水辺から都市が生まれた

環濠の拠点集落

水田稲作をめざす葦原の中つ国として羨望のまなざしでみられ、のちにわが国最初の都が置かれるようになる大和盆地。そこにはおおくの集住地がつくられている。これまでにあきらかにされている弥生時代の集落遺跡を、等高線と河川を記入した地図上にプロットしてみると、盆地中央を東から西に流れる大和川に南から、東から、北から流れこむ中小河川の流域ごとに、ひとつの拠点集落が置かれ、それに複数の小集落があつまるといった図式がみえてくる。

拠点集落の位置も、流域の中下流域であったり、上流域であったりと、多様である。拠点集落ではないが、高地性集落あるいはそれとおもわれるものもある。

こうした拠点集落には、かなり共通しているとかんがえられる特徴がある。第一には、微高地というか、中州のようなところに立地していることである。第二に、集落に濠がめぐらされていることである。環濠集落である。第三に、成人用の墓域は集落から離れた場所につくられていることである。第四に、木器や石包丁、青銅器などの製作工房があったりすることである。そして第五に、大型建物があり、それが複数棟のケースもあることである。すべての集落にこれらの特徴がそなわっているわけではないことはいうまでもない。

渦巻き型の屋根飾りをもつ二階建て建物がえがかれた土器の出土で知られる唐古《からこ》・鍵《かぎ》遺跡はそうした集落遺跡のひとつである。奈良盆地のほぼ中央を流れる初瀬《はっせ》川のやや下流にある微高地に弥生時代前期初頭からひらかれ、古墳時代前期までつづいている。もともと三つのそれぞれ独立した環濠集落であったが、中期にはひとつになり、全体を囲む大環濠は幅七メートル、深さ一・五メートルほどのかなり大規模なものである。その外側にも数条の小規模な環濠が開削されており、幾重にも濠がめぐらされている。

微高地や中州に集住空間をつくろうとすると、そのままではおのずと限界があるから、それを拡大したりすることが必要になる。そのためには周囲の湿地を掘って、その土で埋め立てていくことになるが、掘ったところが排水をかねて濠になる。しかし、二重三重の濠となると、それだけではなく別の意図、戦乱がつづく弥生時代、防御のために掘られたのであろう。

大型建物は、稲作と関係してつくられたとかんがえられる。収穫した稲にしろ植え付け用の種籾にしろ、高所で保管しなければならない。したがって掘立柱の高床米倉ということになる。そうした大型建物が複数あることは、それ以外の用途の建物、たとえば巫女のすまいなどがかんがえられる。水田稲作には天候の判断が不可欠である。その天候の変化を予知できる霊感をもつ女性、すなわち巫女が必要になる。そういう巫女を個々の家でもつわけにはゆくまい。集団でもつことになろう。その巫女の居住スペースは、稲作との関係をかんがえれば高床米倉にやどるイナダマと共住することによって確保され、そのことによって巫女の地位が保証されたとおもわれる。

全体が低湿地という環境のなかで、中州や微高地をえらんで環濠集落がつくられ、そこに掘立柱の高床建物のセットとでもいうべきものがシンボリックに建てられている。それが弥生時代の大和盆地の典型的な風景のひとつであったとかんがえられる。

ところが、これらの環濠集落は、やがて姿を消してしまう。大きな転換、それも政治的な転換があったということだ。

乱流地帯に神殿都市をつくった

おなじ初瀬川水系ではあるが、かなり上流の、巻向《まきむく》川の纏向扇状地の扇頂近くに、三世紀初期に突如出現し、四世紀はじめまでいとなまれた大規模な集落跡がある。纏向《まきむく》遺跡である(「史跡纏向遺跡・史跡纏向古墳群　保存活用計画書」桜井市教育委員会)。

ちょうど弥生時代から古墳時代に変わるころである。突如というのは、ここには弥生時代に

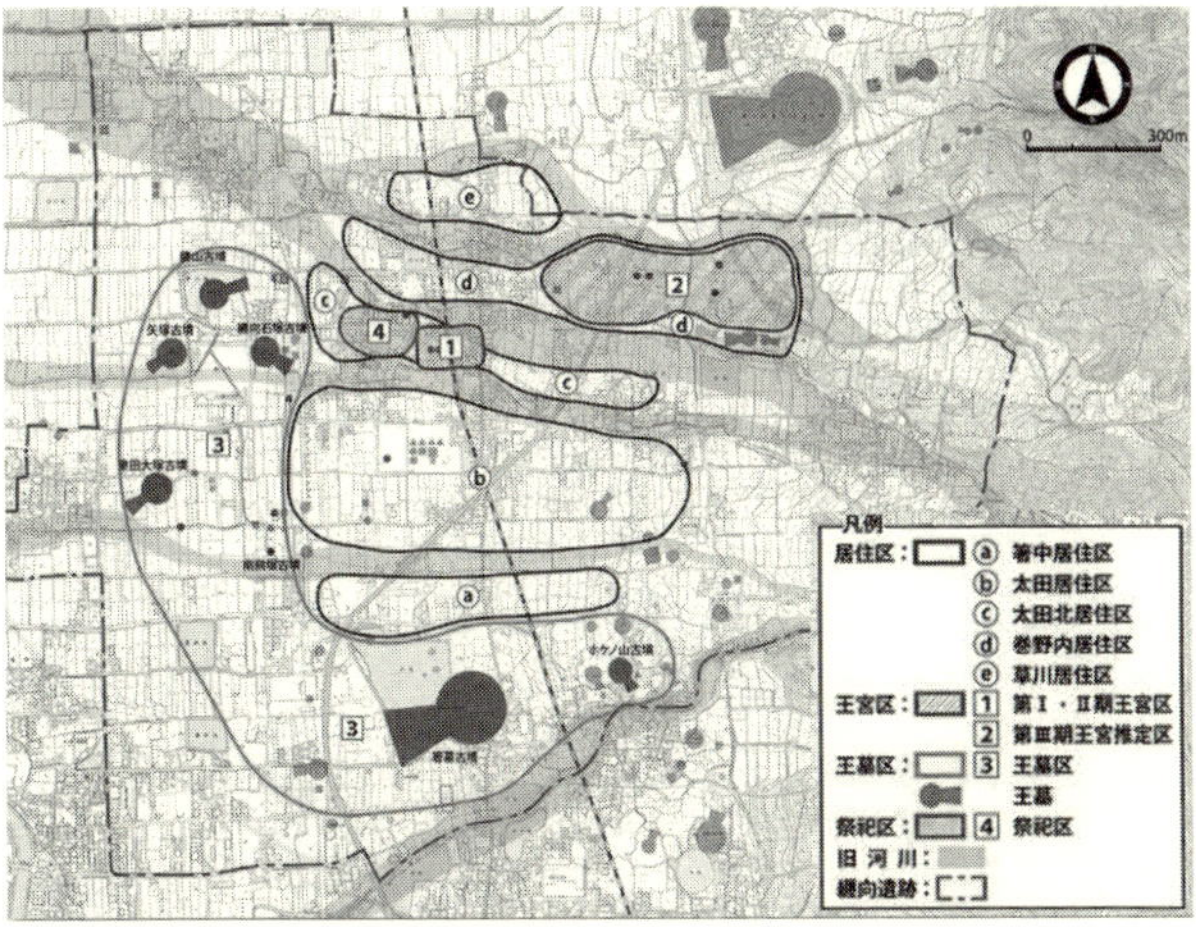

図 13　纒向遺跡の構成（出所：「史跡纒向遺跡・史跡纒向古墳群　保存活用計画書」桜井市教育委員会、2016 年 3 月）

集落もなければ環濠もみあたらないからである。遺跡の南にすこし離れたところからは弥生時代中期・後期の大量の土器片が出土しているし、南西側からもおおくの弥生時代の遺物が出土しているから、纒向遺跡の場所は当時つかわれていなかった、ということになる。

復元地形をみると、巻向川が山から流れでて山すそで一気にひろがって、川筋が四、五本に分かれて乱流し、大小の微高地、中州をつくりだしている、そのような場所である。乱流地帯である。灌漑稲作にはちょっと手に負えない荒れ地といってよかろう。しかし、見方を変えれば、いく筋もの川によって防御された天然の地ということもできる。瑞垣《みずがき》、すなわち水垣に囲まれた安住の地ということか（**図13**）。

上流から運ばれてきた礫が一面にひろがって

いたのではないかとおもわれるこの場所は、三期にわたって集住地としてつかわれている。これまでの拠点集落とは比較にならないほどの規模をもち、同時期の集落とくらべてもこのような規模をもつものは皆無である。

その纒向遺跡のほぼ中央に位置するもっともひろい微高地はもっぱら住居地としてつかわれている。それに接する幅のせまい微高地は、第一期と第二期の王宮区とそれに付随するとみられる祭祀区で、このせまい微高地が初期の纒向遺跡の中枢部であったことがわかる。そのさき、つまり西側には初期の王墓がつくられているが、それはそれまでの近畿の系譜にはない墓制である前方後円墳、纒向型前方後円墳とよばれる纒向石塚古墳、勝山古墳、東田大塚古墳などの共通の企画性をもった発生期の前方後円墳で、のちの古墳祭祀につづく主要な要素をすでに完成させていた。よく知られている箸墓《はしはか》古墳は、この王墓区の南のほうにひときわ威容をみせている。

王宮区とかんがえられるのは、ほぼ正方位に構築され、柵をめぐらし、付属建物を配する、きわめて特殊な掘立柱建物が複数棟確認され、それが崇神大王の磯城の瑞垣宮（『紀』）とそれにつづく二代の宮殿ではないかと推測されるからである。そのまえには水の祭祀施設がもうけられている。すでにみた、崇神大王が造営したとされる熊野川の大斎原の熊野坐神社も、このようなものではなかったか。

纏向遺跡からは、農具である鍬の出土量がきわめてすくなく、土木工事用の鋤などがおおく出土しており、農業をいとなむ一般の集落とはかけ離れている。また、遺跡内には水田、畑跡が確認されない。したがって、農業はほとんどいとなんでいない可能性が高い。

土器をみると、他地域から運びこまれたものが量的におおく、九州から関東にいたる広範な地域からもたらされている。葬送儀礼にかんしては吉備地域との直接的なかかわりがみられる。各地域への交通の要衝に位置し、付近に市場の機能をもった「市」ができたようである。

こうしたことからかんがえると、纏向遺跡は、各地からヒト・モノ・情報があつまる一大センターであったとみることができよう。それをつくるだけの権力を獲得したリーダーがいた、ということである。

とすれば、生態学者で民族学者の梅棹忠夫（1920〜2010）のいう「都市神殿論」を借りるなら、纏向遺跡は神殿都市といってよいかもしれない。

『日本書紀』に、崇神大王とともに、倭迹迹日百襲姫命《やまとととびももそひめ》のことが記されているから、この時期、軍事的な緊張から、祭祀と政治のかなめであるミコのほかに、血縁集団のなかから防衛のリーダーのヒコがいたことがわかる。かれらが米倉とともに宮殿をしめていたのではないか。

纏向遺跡をめぐっては周辺の大型古墳群造営のための「古墳造営キャンプ」であるという説もある。大きな施設は三輪山信仰にかかわる施設だった可能性も指摘されている。しかし、古墳造営キャンプに柵で囲いこんだ王宮のような建物群をつくったりするだろうか。

それにしても、そのような神殿都市を、なぜ、このような乱流地帯の荒れ地に建設したのだろうか。

図14　京都上賀茂社家町（出所：文化遺産オンライン）

水の祭祀が町になる

水をさけて微高地に集住することとは対照的に、流れる水のもとに集住する、そういう集住地もあらわれる。

京都社家《しゃけ》町はその好例である（保存修景計画研究会『歴史の町なみ　京都編』）。

北白川や上賀茂など京都盆地の北方の扇状地でははやい時期から人びとの生活がはじまったが、六世紀ころには上賀茂は賀茂県主《あがたぬし》の支配するところとなり、古代以来の氏族の住む集落と、かれらの祭祀する神社がひとつの文化圏を形成していた。平安遷都以降も、それを現在に伝えるのが、いわゆる上賀茂社家町と称される地域である（**図14**）。

上賀茂社家町は上賀茂神社（賀茂別雷《わけいかづち》神社）の門前に発達した集落であるが、いわゆる門

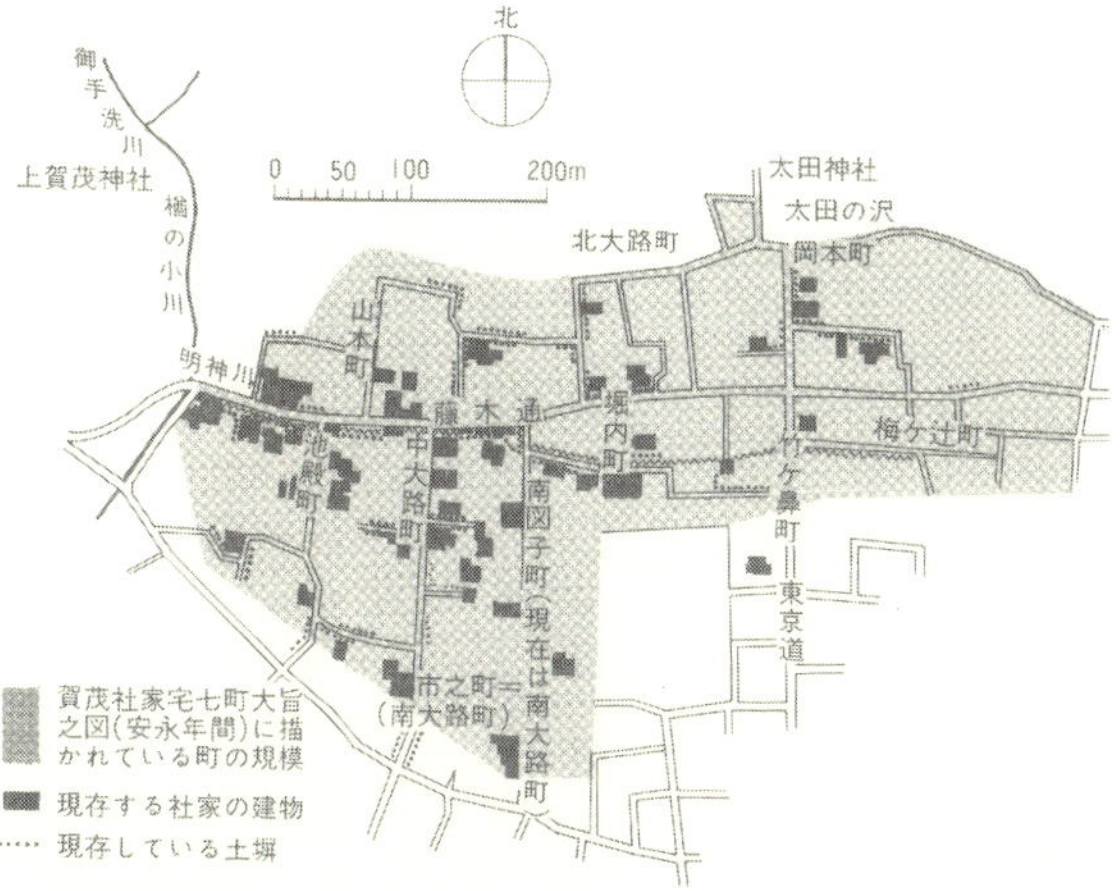

図15　京都上賀茂社家町の構成（出所：中岡義介『水辺のデザイン』39頁）

前集落とは異なる特異な形態をしめしている。すなわち、上賀茂神社の神主、禰宜《ねぎ》、氏人《うじびと》などを中心に形成された集落である（図15）。

社家町には明神《みょうじん》川が流れ、それが集落の空間骨格をつくりだしているが、それは上賀茂神社と深くかかわっている。賀茂川から引きこまれた水は、上賀茂神社の境内にはいると、御手洗《みたらし》川とよばれる川になる。御手洗川は禊ぎにつかわれる聖なる川である。その水流は、神社背後の神山《こうのやま》から流れこむ御物忌川《おもみがわ》と合流して、白砂が一面に敷かれた楢《なら》の小川《おがわ》となり、社家町にはいって明神川となる。

社家町を流れる明神川は、川沿いの家々のなかに引きこまれて禊ぎにもちいられ、池水になり、生活用水としてもつかわれたのち、ふたたび明神川に戻され、社家町の下流の農地に分流されていく。

そうした社家町は、一七世紀なかごろには、社家分家二七五軒、一一四三人をかぞえている。一七世紀後半の記録だが、総戸数の三四パーセントが社家、六一パーセントが地下人である。年代は不詳であるが、「上賀茂神社境内絵図」によれば、社家は土塀と門構えをもつ、柿葺きもしくは檜皮葺きの建物としてえがかれ、背後の草葺き民家と区分してえがかれている。草葺き民家は農家を意味するであろうから、社家町を貫通する明神川をはさんだ地域に社家が位置し、その周囲に農家、農地があるということになる。

この社家町と農業地帯という構図は、纏向遺跡のそれとよく似ている。すなわち、上賀茂神社と纏向遺跡の王宮区、社家町と遺跡の居住区、そしてその下流にひろがる農業地帯、と対照しうるからである。

社家町の最大の特徴は、明神川の水で上賀茂神社の関係者たちが禊ぎをするということである。

すると、社家町は水の祭祀の場ということになる。それを建築化したもの、禊ぎの場に覆い屋をそえたものではないか。そこに人びとが住みついていった、と。

水の祭祀は、古墳時代のすこしまえからみとめられる祭祀である。ひとつは、王権や首長がおこなった水の祭祀で、王権の維持やクニの安寧、祖霊祭祀などのためにおこなったもので、導水施設や井戸あるいは湧水地点をつかった祭祀である。もうひとつは、川や井戸、環濠、人工の溝などでおこなったもので、豊作や降雨祈願、飢饉時などさまざまな生活にかんする祈願をおこなったものである。このように一般にかんがえられている。

しかし、はやい段階で水の祭祀をおこなっていた纏向遺跡などをみれば、灌漑用の水をいかにして確保し運用するか、それがもっとも重要なことではなかったかとおもわれる。水の確保運用をはじめるにあたっての儀式、それに関連する儀式、それが水の祭祀だったのではないか、ということである。

雨が降るかどうかなどといった天候のことはヒメつまり巫女にゆだねるとして、そのあとのことはヒコつまり大王の仕事、政治そのものではなかったか。それは導水施設をどうつくるか、湧水地点をいかに押さえるかなどといったことである。そのための人手、それは男の領分であろうが、そういう人たちがヒコつまり王宮をささえたのではないか。それが社家町に重なる。

水の祭祀が、それにかかわる専門集団が、農業集落ではない集住地をつくりだした。そこは、明神川が分流して下流の農地に流れこんでいるから、もともと明神川が乱流する一帯であったかもしれない。そこに農業を主体にするのではない集住地が形成されたとかんがえることもできる。それには、村というより、町という表現がふさわしい。

水をつくりだして集住する

では、水がないところ、水が極端にすくないところ、たとえば丘陵地とか台地などでは、どうだったのだろうか。

武蔵野台地は、砂礫層が厚いため地下水面がきわめて低く、「武蔵野台地の逃げ水」と称されるように、水のきわめてとぼしいところである。そのことが武蔵野台地の開発のおくれをもたらしたとされているが、そこに開発をもたらしたのは、井戸である（拙著『水辺のデザイン――水辺型生活空間の創造』）。

武蔵野台地の各所には、井戸掘削技術の未発達な時代の特徴的な井戸が残されている。そのなかで、古歌にも詠まれている井戸として、堀兼井《ほりかねのい》とよばれるものがある。平安時代末期に編纂された『千載和歌集《せんざい》』に藤原俊成の歌として「武蔵野の堀兼の井あるものをうれしく水の近づきにける」とあるのは、埼玉県狭山市の堀兼井のことであるとされている。

このような古井戸の形式をもつ、東京都羽村市の五ノ神まいまいず井は、地面をすり鉢状に掘りこんで水位近くまで降りて水を汲みあげる井戸で、そのかたちがカタツムリに似ていることから、まいまいず井と称されたとされている（図16、図17）。近世末期にはその詳細は不明になっているが、修復文書などから鎌倉時代、さらにはさきの『千載集』から平安時代までさかのぼってその発生をとらえることができるようである。

古井戸の存在は五ノ神で集団生活がいとなまれていたことをしめしている。それがいつの時代にだれによってひらかれたものであるか、それをあきらかにする資料はない。五ノ神に渡辺、桜沢の二姓の鋳物師《いもじ》が居住し、鋳物業をいとなんでいたという記録は残されているが、その生態を知る史料もない。わずかに寛文年間（一六六一～一六七三年）の検地帳から推察するにとどまる。

この検地帳によれば、水田はまったくなく、畑のみで、一戸あたりの農地面積は八反六畝しかない。このていどの規模では農業だけで自立をはかることはまず不可能である。耕作者は一

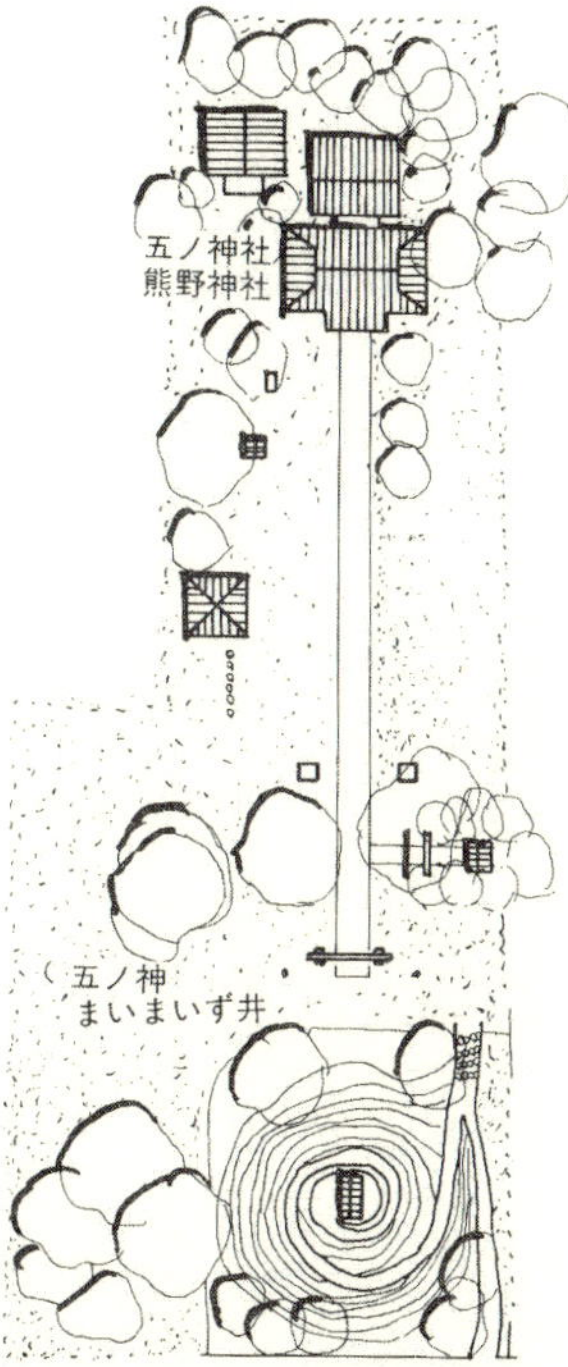

図 16　五ノ神まいまいず井（出所：中岡義介『水辺のデザイン』47 頁）

九名であるが、うち一五人が屋敷持百姓である。この比率は、周辺の他村とくらべれば、きわめて高いものとなっており、耕地規模との不整合がみられる。さらに、農地のランクをみれば、本田上

畑はまったくなく、本田中畑が七・九パーセント、下畑と下々畑が計九二・一パーセント、新田はすべて下畑もしくは下々畑というように、きわめて劣悪な土壌であった。

こうしたことから、五ノ神は農業を中心とした集落ではなく、農業のほかに主たる職業をもつ集落であったとかんがえられる。では、その職業はなにか。さきの検地帳をみると、渡辺姓はまいまいず井をとりまくように集団を形成し、その北東寄りに桜沢姓が集団を形成している。とすれば、二姓の鋳物師がそれぞれ集団をなし、その棟梁を中心とした屋敷割がおこなわれていたとみてよい。鋳物師が五ノ神のなかにあってかなり強力な勢力をもっていたことが知れる。

図17　羽村市まいまいず井（出所：にしたまねっと HP）

以上のことから、五ノ神は当初から鋳物師集落として形成されたとかんがえてよかろう。

水のきわめて乏しい武蔵野台地の開発にあたって地下水をさがしだす技術者は必要不可欠であるが、五ノ神のばあい、それは鋳物師であった。鋳物師は金属精錬業者としての性格だけでなく、水脈や鉱脈をさがしだす技術を身につけていた。それはたんなる技術ではなく、水霊信仰という呪術的な意義を有するもので、農民や一般の人びとが関与しえない神聖な技術であった。

このことは、五ノ神まいまいず井の背後に、村人の信仰と寄り合いの場である鎮守、熊野神社を祭祀し、境内に樹木を配して湧水の保護につとめることによってうけ継がれていったとみてよい。

このように、水田稲作に不向きな地は、非農業集団が目をつけるところとなった。

川原に町が生まれた

広範囲を流れる河川の川原は、たえず洪水の危険にさらされるところで、それゆえに原っぱの水辺のままで、恒常的に住みつくようなところにはならなかった。それでも、工夫して住みつくこともあった。

紀伊半島を縦断するようにして長い距離を流れる熊野川は、上中下流をとわず、河岸のそこここに玉石の川原をつくりだしている。その河口にもかなりの規模の川原ができている。河口には、上流の十津川から伐りだされ、筏に組んで河口まで運ばれてきた木材をここで積み替えるため、林業にたずさわる旦那衆があそぶ船町などからなる物資集散の一大集住地ができた。

図18　熊野川河口の川原につくられた川原町（出所：新宮市観光協会 HP）

そして、そのまえの川原にも、町が形成された。道路も整然と区画されてできている、かなりのひろがりをもつ町である。熊野三山のひとつ、熊野速玉大社の門前の川原、川原町である（**図18**）。

最盛期の明治末期から大正初期には三〇〇軒ほど、大正中期から昭和初期でも一二〇〜一三〇軒ほどの店があった。宿屋、鍛冶屋、飲食店、土産物屋、魚屋、履物屋、米屋、タバコ屋、酒屋、風呂屋などがあったという。

この川原町には、大きな特徴がひとつ、あった。それは、大水が出ると、店をたたんで高所に避難したことである。どのように避難したかというと、建物を解体して川原をあがって道に置き、店の人たちは本来の居住地である「あがりや」ですごした、という。店ごと、避難したのである。建物はすべてはめ込み式で、釘一本つかっていなかった。それを川原家《かわらや》とよんだ。八畳ほどある。折り畳み式家屋とでもいえばよいだろうか。だから、水が引けば数時間でまたもとどおりの町ができあがった。民家採集で知られる考現学の今和次郎（1888〜1973）も、ここをおとずれて調査している。
新宮出身の詩人で小説家の佐藤春夫（1892〜1964）は、自伝的小説で、川原町にふれている。

町の川原には川原町というこの町に特有の珍らしい町が、そのころはあった。川原一面にあったバラック街で知らぬ人の眼には乞食〔ママ〕小屋がよくもこんなに沢山たち並んだものだと怪しまれたろうが。この小屋掛けの町が、そのころ町で最も繁華な商業地区で、水害にあわないで三年川原であきないをすれば身代を興すといわれたほどの土地で、宿屋も料理屋も呉服雑貨などあらゆる店舗が軒をつらねてほぼ整然たる街筋もあった。川原は税金もかかりも安く従って商品も安い。また店構えが手軽なため客も気らくに出入りした。お客は川奥筋と呼ばれた熊野川上流の山村の人々や川奥の人に買物を頼まれたいかだ師などがおもであった。

川原の家は特別の構造で出水になると手早く折り畳んで町内に用意しているあがりやに避難する。しかし木の皮や竹などのバラック街は、火にはまるでたきつけである。

（『わんぱく時代』）

時代はまったくあたらしいが、川原は、こうした町が許容されるところであったということである。

低湿地が都市化時代をつくりだした

こうした低湿地に大々的に目をつけたのが、中世末期から近世初期にかけてである。近世初期、国土におおくの都市がつくられた。三五〇の藩の城下と、五〇ほどの天領そのほかの地域の町とをあわせて四〇〇におよぶ都市の建設である。それ以前の鎌倉時代には、都市といえるようなところは、京、鎌倉、大宰府、平泉など五指にも満たなかった。それが数百年後に一挙に一〇〇倍にふえたのである。しかもそれがわずか二、三〇年のあいだにおこなわれた。世界史的にみても、日本の近世前後は空前の都市化時代であった。

それらの城下町のおおくは、河川がつくりだす沖積平野に建設された。沖積平野は、低平地であるがゆえに、そのままでは城下町の建設に適さない。近世城下町の記録におおくみられる埋め立てなどの記録は、このことをしめすものである。つまり、低平地を埋め立てたりして、町づくりをすすめたのである。

それは、近世城下町づくりが本格化するまえ、戦国期にはじまっている。福井県の山間の大野盆地に、天正年間に金森長近によって構想され、近世をつうじて整備された越前大野城下町がある。山城《やまじろ》にかぎりなく近い平山城《ひらやまじろ》である。大野盆地には真名《まな》川をはじめとするいくつかの河川がある。それらがつくりだす扇状地なのだが、それだけに河川の氾濫におおくおそわれた地である。そのような湿地帯に城下は盛られた（**図19**）。

豊富ではあるが厄介者でもある地下水をまず本願寺清水《ほんがんじしょうず》として整備し、その水を城下町に引くことでそれを制御した（**図20**）。天正城下町とよばれる当初の城下町は南北三九〇間、東西

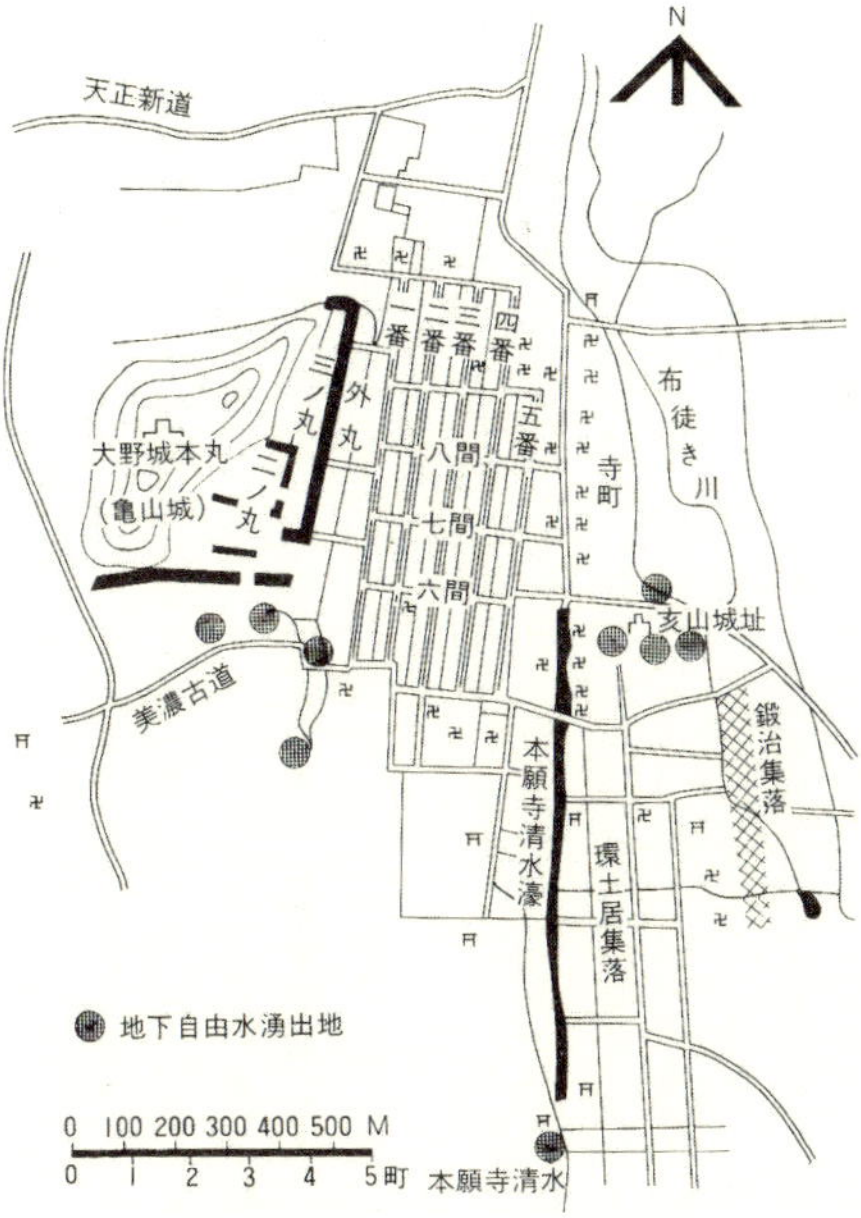

図19　越前大野城下の町盛り（出所：中岡義介『水辺のデザイン』52頁）

一五〇間の長方形で、これを東西五条、南北六条に割った。南北街路は原則として七間幅中央用水路付きとし、街路幅員は四間ないし五間であった。町境界すなわち町屋の背面にも用水を引いた。芹川用水は大野城の二・三・外丸の輪郭を構成しており、侍屋敷はこの芹川用水をもちいた。城下町の東に寺町用水を引き、それで町方と寺方を分けた。都市生活をするうえで

図20　本願寺清水（出所：大野市 HP）

水は欠かせないものであるから、それを用水として城下町に積極的に取りこんだとかんがえることができるが、水が湧きでて、水流がいく本もあるような、すぐには農地としてつかえるようなところではなかった、というのがほんとうのところだろう。そのようなところに都市がつくられた（拙著『水辺のデザイン――水辺型生活空間の創造』）。

その中部山岳地帯から平地におりて、琵琶湖岸に、織豊期の城下町、すなわち織田信長の安土桃山城下町、豊臣秀吉の長浜城下町がつくられた。安土桃山城下町は、琵琶湖内湖の西の湖畔の孤峰、安土山に平山城を、その足元の湖岸に城下町をつくった。当時、内湖周辺はいく筋もの水路がひろがる湿地帯というか水郷地帯のようで、湖岸につくられた武家地はまるで水に浮く島のようである。長浜城下町は、平城《ひらじろ》になったがもっと徹底していて、城と武家地は琵琶湖のなかにあるといってよい。水城《みずじろ》である。湖岸に接するところは湖岸そのままの部分もある（高橋康夫他編『図集　日本都市史』）。防御とか水運に対応するようにかんがえたけっかかもしれないが、このような場所はまずは農地にはむかない。そうしたところに都市をつくった。

わたしたちの都市は低平地都市

近世の城下町になると、このことはもっとはっきりしてくる。たとえば大坂城下町は、東は旧大和川流域（現、河内平野）、北は淀川、西は海、その中に南から北にむかってはしる唯一の高台である上町台地が位置するという地に建設された（玉置豊次郎『日本都市成立史』）。

豊臣秀吉は三国無双といわれた豪壮な城を上町台地の先端――このあたりに飛鳥時代の難波長柄豊碕宮があった――につくり、城下を台地の西の砂州に盛った。上町台地に並行に東横堀川と西横堀川を開削して淀川につなぎ（南端は堀留）、そのあいだに現在の船場、下船場にみられる町々をひらき商人を集住させた。両横堀川は城郭防御の機能、地揚げという目的もすくなからずあったであろうが、主として市街地の排水処理のために開削されたとかんがえられる。

西横堀川以西の地は、当時、まったくの葦原であった。それを、徳川の時代に、瀬戸内を扼する物資集散の地とするべく、道頓堀川、長堀川を開削して両横堀川および西方で南北走する木津川とむすび、西横堀川と木津川にはさまれた地域に複数の堀川を開削して城西として整備した。これら城西の堀川は市街地造成のための地揚げを目的としたものであったとみてよい。これらの堀川が舟運にもちいられるのは、のちのことである。

地揚げされたばかりの築地では、頻繁に夕涼みがおこなわれた。夕涼みには茶店をはじめ揚弓、軽業などの娯楽施設をかならずともない、人びとの遊興の地となった（浪速叢書第一一巻所収「明和雑記」）。このような夕涼みは築地に民家が建て詰まらないあいだ、くりかえしおこなわれることもあった。いってみれば地固めである。こうした築地利用の期間をへて、築地にしだいに民家が充足していった。現在もこれとおなじことがおこなわれている。埋め立て地完成を記念して博覧会などが開催されるのがそれである。

大坂城下町でみたような状況は江戸でもさほど変わらない。江戸前島は江戸建設の重要地点であったが、それを江戸城の建設残土で埋め立て、江戸前島と江戸城とをむすびつけた。世にいう日比谷入江の埋め立てである。この技術は大坂から江戸にもたらされた。『正宝事録』にもみるように、ゴミや浚渫土が埋め立てにつかわれた例もおおい。

このように、城下町は低平地という立地条件を抜きにして語ることはむつかしい。それは「低平地都市」といってもよいほどである。そして、現在の都市のおおくは、これらの「低平地都市」としての城下町が発展したものである。

「低平地都市」とは、地形立地に着目したときの、日本の都市のごく一般的なすがたである。

低平地という条件が、現在の都市の根底にある。このことは、日本の都市をして河川をふくむ水路との特別なかかわりを想起せざるをえない。

だから、いまは、おおくの都市で水路がかなり失われているが、水路と都市とのかかわりがどこかにひそんでいるとかんがえなければならない。

山川藪沢の思想

古代の養老律令《ようろうりつりょう》の第三〇雑令《ぞうりょう》に、つぎのような規定がある。

第九　国内條：国内に銅・鉄を産出する処があるとき、官司が採掘しないならば、百姓（＝一般人）が私的に採掘するのを許可すること。もし銅・鉄を納めて庸調に換算したならば許可すること。それ以外の禁処（＝禁止区域）でない場所については、山川藪沢の利用は、公私ともに（平等に）すること。

この後半に記されている山川藪沢《さんせんそうたく》とは、山・川・藪・沢に代表される手つかずの土地をさす。そこは何人の占有を許さず、皆が自由に用益するところとする、ということである。

これは山川藪沢が果実採取・狩猟・漁業をつうじた食料確保、燃料・材木・飼料・肥料・用水など生産活動および日常生活において必要な物資を確保するうえで重要視されたことによる。また、農民にたいして山川藪沢の恩恵をあたえることは、かれらの再生産活動、ひいては朝廷の租税収入にも深くかかわることであった（阿部猛編『日本古代史事典』）、ということであるが、律令制定以前から、だれのものでもない土地があって、それを制度にとりいれたとおもわれる。すべてを完膚なきまでに把握したはずの律令だが、手つかずの地というか、かれらにとってさしたる意味をみとめにくい地がまだまだあったのである。それをとりあえず公私共利の地にしたのではないか。

そうであればこそ、崇神大王は、大和盆地の南から纏向の藪沢の地に根拠を移すことができた。あるいは、逆に、そうした纏向の地に根拠を移したことが、このような規定をもたらすきっかけになったのかもしれない。

当初は価値をみとめにくかったところも、あらたな価値がみつかるにつれ、律令の規定は、平安時代以後、権門勢家による山川藪沢の占有が増加して公私共利の理念が形骸化していくことになるが、それでも山川藪沢はだれのものではないという思想は失われることなく、脈々とながれていたのではないか。だから、そうした地がいつまでも存在しつづけた。

社家町、さらには城下町は、当時の社会において、そうした山川藪沢にあたるようなところ、さしたる意味をみとめにくいような地をえらんでつくられている。

その最大の理由は、農地をつぶして都市はつくらないということではないか。農地をつぶしたのでは、米作によってなりたっている社会にあっては、元も子もないからである。纏向遺跡に措定した大和盆地の神殿都市の建設場所も、そのようにしてさだめられたのだろう。

このように、わたしたちは、低平地に住まうにあたって、おそらく、これ以上劣悪なところはないというようなところを知恵と工夫でひらいて町や都市をつくってきた。

そこは、山川藪沢の思想を体現する水辺であるから、だれがやってきてもよいし、だれが住みついてもよい。公私共利の地である。だからこそ、面白い町や都市になった。水辺のニワ、水辺の思想への回帰、よみがえりである。

かんがえてみれば、わたしたちの国土は水辺の国土であるから、どこもこうした人びとがあつまる場になる可能性をもっている。

ただ、それだけに、自然環境としては劣悪な場所であるということを深く心にとめて都市に住まなければなるまい。劣悪な環境という性格はいつまでも、永久に変わらないのだから。

一〇――劇場は都市の水辺の遊び庭

四条河原で歌舞伎が生まれ育った

京都鴨川の四条河原が芸能興行地として脚光をあびるようになったのは、『孝亮宿禰日次記《たかすけすくねひなみき》』の慶長一三（一六〇八）年二月二〇日条に、

向四条、女歌舞妓令見物、数万人群衆、驚目者也

とあるのだが、おそらくこれが史料での初見であろうとされる。「女歌舞妓」に「数万人群衆」があつまったという。数万人とは、おおいことの常套句である。「四条」とあるだけで、四条河原とは記されていないが、四条河原とみてまちがいないだろう。

女歌舞妓とは、女芸人や遊女による歌舞伎のことである。とくに遊女歌舞妓は遊女である大夫が当時最新の楽器である三味線を弾き、五、六〇人もの遊女を舞台に立たせ、色情を刺激す

るようなポーズでおどり、紅おしろいの香をまきちらした。

その高まりをみて、元和年中（一六一五〜二四年）、京都所司代の板倉勝重は四条河原に七つの櫓を赦免した。江戸幕府が常設劇場をつくることを許可したのだが、公許のしるしとして櫓を立てさせたのである。大芝居小屋である。それ以外は、小屋掛けを原則とした。仮小屋の小芝居である。

「かぶき」とは、奇抜な身なりをして勝手気ままにふるまうかぶいた者をまねた、かぶき者がやる芸能、ということである。だから、この赦免は、町中にかぶき者が横行することに苦慮した幕府が、その対策としてかんがえだしたものなのかもしれない。ともかくも、大衆の行動を為政者のコントロール下に置いたのである。

ところが、芝居小屋の公許が四条河原を芸能興行地として注目させることとなった。女歌舞妓は全国を風靡したが、遊女歌舞妓であったりすることから、風紀を乱すという理由で、女の芸能である女舞、女歌舞妓、総踊り、女浄瑠璃、男女打交りの興行は寛永六（一六二九）年には全国的に禁止されることとなったようである。そこで女にかわって美男子によって演じられる若衆《わかしゅ》歌舞伎が生まれたが、役者が男色の対象になるということで、これも承応元（一六五二）年に禁止された。そして、前髪をそりおとした「野郎」が女を演じるようになった。野郎歌舞伎である。それが紆余曲折をへて今日の歌舞伎にいたっている。

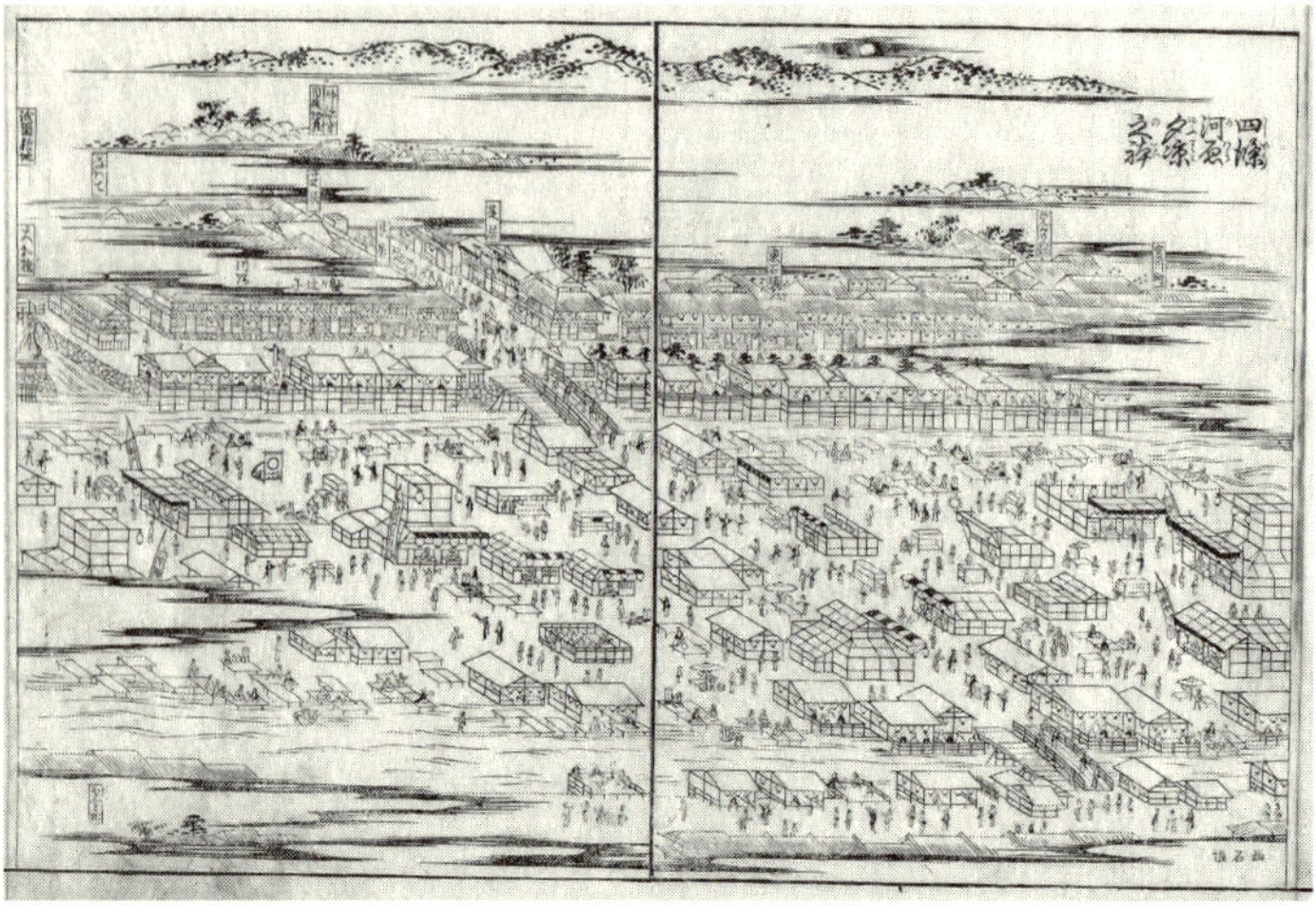

図 21　四条河原夕涼之躰（出所：『都名所図会』巻之二 平安城再刻 安永９年、国際日本文化研究センター蔵）

歌舞伎のはじまりは、のちにあらためてみるが、「おくに」というひとりの巫女がかんがえだしたものである。

おくには、慶長八（一六〇三）年四月に京で「かぶきおどり」を初演した。「かぶき者」の「おどり」である。舞ではない。踊りである。舞は一人でもできるが、踊りは集団でおこなうものである。漢字で書けば、踊、躍、跳である。躍動する動作を意味する。集団の跳躍行動である。だから、かぶきまいではなく、かぶきおどりである。それが「おくにかぶき」とよばれるようになった。

おくには、初演からわずか四年後の慶長一二（一六〇七）年、江戸での興行を最後に、姿を消した。そのときにはもう、女歌舞妓が、四条河原で大評判になっていた。

女歌舞妓は、「おくにかぶき」の盛行をみた遊女屋がそれをまねてはじめたものである。それが四条河原を芸能興行地にしたのである（図21）。

だから、歌舞伎は、四条河原で生まれ、育ったといってよい。

水辺の都市のなんでもない水辺

四条河原とは、どのようなところだったのだろうか。

京都盆地は、大きくみれば、東は鴨川の扇状地、西は紙屋川や御室川など桂川に合流する小河川の扇状地からなっている。そこに平安京という碁盤目状の条坊都市をつくった。水辺の計画的都市である。右京つまり平安京の西半分はこれらの小河川流域にあたるが、左京つまり東半分は鴨川が直接に流れる地域に接してはいるものの、かろうじてその範囲からはずれている。

このような京都盆地と平安京だから、洪水の記録は、かなりおおい。出水にたびたび悩まされている都市である。

そのなかにあって、四条河原で芸能興行がさかんになった一五〇〇年代後半から一六〇〇年代は、洪水にみまわれることはすくなかったようである（中島暢太郎「鴨川水害史（1）」京都大学防災研究所26号）。河原での芸能の盛行の背景に、気候があったということである。

このように、京の洛中は扇状地の上に展開された、たえず出水にみまわれた都市であり、鴨川は、都市に災害をもたらしはするがとりたてて特徴をもたない、ごく普通の河川である。鴨川は水辺の都市を流れる河川であり、したがって四条河原は水辺に建設された計画的都市である京都のなかの水辺、二重の水辺である。

四条河原の川幅は、「賀茂川筋絵図」（年代不詳）などから判断するかぎり、現在のそれの一・五倍ていどの一〇〇メートルほどで、河床が土砂の堆積で高くなっているから、ひろびろとした景観をみせていたとおもわれる。熊野川の大斎原の中州の風景に近いものであったであろう。それ以南の、たとえば五条から七条にかけての右岸は部分的に三〇〇メートルを超えていたようなところもあった。どうやら当時の鴨川の河川敷は、水流がいくつもあり、それらが分流と合流をくりかえし、そこここに中州が形成されていたようである（吉越昭久「近世の京都・鴨川における河川環境」歴史地理学第39巻第1号）。

興行地となるまでは、四条河原はなんでもない水辺、なにもない水辺で、あるのは中州ばかりであった。それは鴨川全体をみても変わることはなかった。

中州が聖地になった

芸能興行でにぎわうまえの四条河原のようすをうかがうことができる史料がいくつかある。『一遍上人絵伝（一遍聖絵）』巻七に、鎌倉時代の四条河原界隈がえがかれている。

一遍は近江国逢坂関の北にあった関寺から京の町にはいった。

四条の大橋の半分は霧が深く垂れ込めているが、半分は霧も晴れ、橋の西端には祇園社の朱塗りの西大門がみえる。四条の大橋は祇園社の参詣路ということである。川のなかほどにあたろうか、中州に橋脚が立てられている。橋の下、川のなかで、衣服を脱いで馬を洗っているふんどし姿の男たちがいる。釣り糸を垂れている男もいる。すぐそこに四条の大通りがひらけている。

その橋のたもと、四条大路と東京極大路とが交差するあたりに、板屋根をのせた土の築地をめぐらした一角がある。「京極四条釈迦堂」と書きこまれている。一遍は車、牛車、そして人、人、人でごったかえす四条京極に建つ釈迦堂で踊念仏をおこなった。

ということは、平安京の京極大路、現在の寺町あたりまで河原がせまっていたということである。鴨川をみると、四条の中州、それもかなりひろい中州では、川の水は勢いよく流れている。馬の腹が半分かくれているからかなりの水量である。中州の北のほうであろうか、柵囲いした畑がある。けっして小規模のものではなさそうである。島といったほうがよいかもしれない。上空には、しらさぎであろうか、列をなして北にむかっている。

もうひとつ。元の五条の橋は、現在の松原通りに、中州を利用して架けられていた。『一遍聖絵』よりすこし時代があたらしくなる「洛中洛外図屏風」は、いくつかの作品があるが、そ

図22　鴨川の五条大橋が架かる中島（出所：『洛中洛外図屏風』歴博甲本）

れぞれ時代がすこしずつ異なっているので、それを比較すると中州の変化が追跡できる。まず、一六世紀前半の町田本では、中島をはさんで橋が架けられている。中島には寺と塚がえがかれている。法城寺と清明塚である（図22）。法城寺は平安時代の陰陽師である安倍清明が建立したと伝えられる。法は「水」を「去」、城は「土」を「成」の義、つまり「水去りて土と成る」ことである。たび重なる洪水にたいする治水を祈願してつけられた名前である。鴨川の周囲には「法」の名前を冠した寺がおおいのも、おなじ理由からもたらされたものである。つぎに、一六世紀後半の上杉本では、中島に「大こくだう」の墨書がある。「大黒堂」のことである。大黒信仰のひとつの拠点にもなったということである。

中世史の瀬田勝哉は、こうした洛中洛外図を読み解き、五条橋の中島が古代から中世にかけての治水と信仰の要地であり、声聞師《しょうもんじ》や河原者のよりどころになっていたという。声聞師とは陰陽師の文化を源流とした読経《どきょう》、曲舞《くせまい》、卜占《ぼくせん》、猿楽《さるがく》等の呪術的芸能、予祝芸能をおこなった芸能者のことである。洛中から清水観音に詣でる信仰の道の起点であり、葬送の地である鳥辺野《とりべの》にむかう死者の道のはじまりでもあった。そうしたきわめて宗教性の強い橋のなかほどにある中島が、京の死命をも制しかねない鴨川洪水の平穏を祈る地であったことからすると、この島は中世人が特別な信仰を寄せた聖地であった感さえしてくる、という(『洛中洛外の群像』)。

中島は聖地になった。

五条橋は洛中の此岸から洛外の彼岸への道である。その途上にある中島は、もともとはなんでもない中州にすぎなかったであろうが、そこにいろいろな情報がくわえられていったということである。

ところが、一七世紀はじめの舟木本にはそれがえがかれていない。中島がなくなっているのである。あれほどの中島がしぜんになくなることはかんがえにくいから、豊臣秀吉・秀頼による大仏殿造営にともなう鴨川の疎通工事でとりのぞかれたものとおもわれる。

四条河原に先住者がいた

四条河原が芸能の興行地になるまえ、四条河原には先住者がいた。『「洛中洛外」の社会史』(川嶋将生)や『中世寺院社会と民衆』(下坂守)などを参照してみていこう。

一四世紀なかばに、四条河原細工丸という名が史料にあらわれる。一五世紀後半には、四条河原者という名もみえ、また天部(あまべ、てんぶ)という河原者の集住地が四条河原にあらわれる。河原者が一定の集団となって四条河原に居住するようになっていたということである。そうした河原者は四条にかぎったことではなく、三条にもいたし、六条にも居住していた。禁裏近辺の河原には川崎庭者がいた。

河原に集住していた河原者の村々は、一六世紀なかばころには、河原地にたいしてかなり強い権利が公的にも認められていた。たとえば、河原で勧進などの芸能興行をおこなうにあたって、入場料の一〇分の一を取得するという、櫓銭の権利をもっていた。櫓銭徴収の権利は、江戸時代になっても、村々は保持しつづけた。それだけではなく、河原地そのものにたいしても権利をもっていたようである。

ところが、四条河原の天部村は、天正一五（一五八七）年、秀吉によって四条の地からの移転を命じられたとされる。秀吉のお土居建設のためであったろうといわれている。したがって、おくにが京にやってきたころには、四条河原には河原者は居住していなかったことになる。

転々とする芸能興行地

貞和五（一三四九）年六月一一日の日中に、四条橋の架橋を目的とした勧進田楽がおこなわれているが、おそらくこれが四条河原と芸能との関係の初見であろう。

新・本入り交って芸能を尽くすということで、貴賤の群衆があつまり、座主宮の尊胤法親王、将軍足利尊氏らが見物したという。ところが、猿楽一番のあと、桟敷がことごとく破損し、当座の死者百余人という。打ち損ぜられたものは数知れず。先代未聞の珍事となった。貴賤の多くが命を落としたという。桟敷六〇余間、一間をのこさず壊れてしまった。将軍・座主は別事なかった。（『師守記《もろもりき》』）

『師守記』は日記なので、このように聞いたということであるが、架橋のための勧進芸能が鴨の河原でもよおされ、それに貴賤を問わずたくさんの観客が集まった。その興行の最中に、土間席の周囲に四重に仮設された桟敷がくずれ、おおくの死者がでた、桟敷崩落事件が起こったというのである。そして、その夜からの大雨による洪水で、亡くなった人の遺体や桟敷を組み立てていた材木などが一気に流されたという（『太平記』）。

勧進田楽にかぎらず、鴨の川原で芸能がおこなわれることは平安時代にはほとんどみられなかったことであるが、応仁・文明の乱（一四六七～一四七七年）以前から、猿楽を中心とした芸能興行が鴨の川原でもおこなわれてきた。

さきの勧進田楽は四条橋架橋の勧進興行であったために四条河原でおこなわれたが、一般には、興行は四条より上の川原、洛外の神社、祇園社と稲荷大社の御旅所、諸街道から京への入り口にあたる街道口、勧進聖の拠点の寺堂など、あるていど固定化されていた。すべて野外である。

ところが、応仁の乱で、一一年にわたって主戦場となった京都は、全域が壊滅的な被害をうけて荒廃した。そのけっか、興行地として川原がもちいられなくなった。かわりに、町辻や町堂、街道口、寺社門前などでおこなわれるようになった。野外であることにかわりはない。そのなかで興行権をにぎっていた寺社は、秀吉による寺々の寺町への強制移転によって、勧進興行をせまい寺々でやることがむつかしくなった。

鴨川原が芸能興行地としてふたたび登場するのは一六世紀の最末期から一七世紀最初期にかけてである。その場所は、現在の五条橋の五条河原である。

五条河原が興行地になったのは

五条橋は、もともと、平安京の六条坊門小路にかけられていた。さきにみた、中島をはさんで架けられた木橋であった。清水橋とよばれ、清水寺の勧進僧によって管理される有料の橋であった。この時期、にぎわっていたのは清水寺への参詣路である五条坂、清水坂で、五条橋の周辺ではなかった。

五条橋周辺がにぎわうようになるのは、天正一六(一五八八)年、秀吉が方広寺大仏殿の建立をはじめてからである。

天正一八（一五九〇）年、方広寺大仏への参詣の便をはかるため、五条大橋は南へ移設され、三条大橋とともに石柱の橋に改修されることになった。橋は大仏橋とよばれたが、やがて五条橋とあらためられた。

文禄三（一五九四）年、伏見城が完成してからは、伏見口つまり伏見街道から洛中への入り口にあたる五条橋がもっとも主要な道筋となり、その周辺がにぎわうようになった。秀吉の都市改造によってこれまで寺社にあった興行の場が失われていたが、それが五条河原に集中したとみてよいだろう。

史料としての価値は低いとされるが、浅井了意が著した道中記『東海道名所記』に、おくにが五条の東の橋詰で「ややこおどり」をはじめ、そのご、北野の社に舞台をこしらえた、と書かれている。

豊臣の全盛が、五条河原を芸能の興行地にした、といってよい。ということは、洛中の此岸から清水の彼岸へという地ではあったが、五条河原の盛行は豊臣全盛がもたらしたものであるがゆえに、全盛がすたれれば、あるいはそれをささえた権力がなくなれば、おのずと姿を消すものであるということになる。じっさいに、芸能の興行地は、五条河原から四条河原へと移っていくのである。遊楽の巷がかんぜんに四条河原に移行するのは、豊国神社が徳川家康によって廃絶された元和元（一六一五）年以降のことである。権力の栄枯盛衰が芸能興行の命運を左右した。

かぶきおどりの創始

出雲大社の歩き巫女をなのったとされるおくにが「かぶきおどり」をはじめたことを伝える史料に、徳川幕府の草創期の種々のエピソードを記した『当代記』がある。その慶長八（一六〇三）年四月一六日の記載のなかに、つぎのような記事がある。

このころかぶき躍《おどり》と云う事あり。これは出雲国神子《みこ》、名は国、但し好女にあらず、使出、京都へ上る。縦《たとえ》ば異風なる男のまねをして、刀脇差衣装以下殊《こと》に異相、彼の男茶屋の女と戯《たわむ》る体有難くしたり。京中の上下賛翫《しょうがん》する事なめならず、伏見城へも参上したびたび躍る。その後これを学ぶかぶきの座いくらも有りて諸国へ下る。但し江戸右大将秀忠公はついに見給わず。

出雲の国の巫女のくにが、異風な男のまねをして、男が扮した茶屋の女と戯れるさまを歌と踊りをまじえて演じて、京中の人びとにすごくもてはやされた、というのである。伏見城にも参上したというから、徳川家康もたびたびみたはずである。このおどりを人びとは「かぶきおどり」とよんだ。

『当代記』は、かなり昔のことを記していたりするから、信ぴょう性にやや欠けるとされるが、当時の公卿などの日記類には、同年五月に、女院の御所でおくにのかぶきおどり、と記されているから、まちがいなかろう。

また、林羅山の『野槌《のづち》』（元和六（一六二〇）年刊）に、「近年、慶長年中、出雲の巫女が京へ来て、僧衣に鉦《かね》を打ち、はじまりは念仏踊りだが、そのあと男の装束し、刀を横たえ歌舞する」と、かぶきのはじまりを慶長年中と記している。

そのころ、巷には、かぶいた男がわが世の春を享受していたし、宮廷でも、かぶいた公卿がかっぽして、ときには宮廷内暴力となることもあった。それを女のおくにが男装して、演じたのであった。

このおくにの「かぶきおどり」を、芸能史研究家の小笠原恭子（1936〜2018）は、「一言でいえば黄金の日々、安土桃山の残映であった。むろんおくに自身に、前代の名残りの夢を花咲かせようなどという意図があったわけではない。彼女は単に、芸人として抜群に敏感な感覚を持っていたにすぎない。……いま一つ、かぶき踊り誕生の背景には、後陽成天皇の生母、新上東門院を中心とする、当時の宮廷サロンのひらかれた空気があった。……おくにのかぶき踊りは、豊臣政権の崩壊から徳川体制の確立までの、ほんのわずかの隙間にあってこそ誕生し得たのだといってよい。この新しい芸能の創始が、おくにの個性と創造力によってなされたのは言うまでもないが、あるいはそれ以上に彼女が一つの時代の転換期に行き遇わせたゆえであるとみるべきかもしれない。そしてじつは、家康のもたらした和平こそ、安土桃山の光芒を背負った彼女の芸能に、飛躍的な展開を遂げさせた最大の要因となったのであった。」という(『出雲のおくに——その時代と芸能』)。

かくして、田楽と平曲、猿楽と曲舞につぐ第五の芸能として「ややこおどり」からはじまる「かぶきおどり」が生まれていった。「かぶきおどり」とは「かぶき者のおどり」から生まれたことばだが、「歌舞妃」「歌舞妓」がもちいられるようになった。妃、妓がつかわれたのは、女の芸能、「女かぶき」だったからである。

ちなみに、田楽は、田植えのまえに豊作を祈る田遊びから発達した歌と踊りのこと、平曲は、盲目の琵琶法師が琵琶をかき鳴らしながら語る語り物音楽のことである。また、猿楽は、物まねや軽業、曲芸、奇術、幻術、人形回し、踊りなどからなる大衆芸能的なものが起源の芸能、曲舞は、ストーリーをともなう物語に韻律を付して節と伴奏をともなう歌舞のことである。

野天に仮設の小屋掛け

おくにの「かぶきおどり」の舞台は、どのようなものだったのだろうか。

図23　おくに歌舞伎の北野の舞台（出所：『阿国歌舞伎図』京都国立博物館蔵）

河原での舞台ではないが、慶長八、九年ころのおくにの北野社の定舞台《じょうぶたい》の復元を、小笠原恭子がこころみている（小笠原、前掲書）。

芝居は野天でおこなわれる。その場所は外囲いされる。外囲いは竹矢来を組んで蓆を張りめぐらせ、入り口は鼠木戸とよばれる小さなもの、その木戸口の上に櫓を組んで紋幕を張り、梵天を立て、三道具（刺股《さすまた》、突棒《つくぼう》、袖搦《そでがらみ》）をのせている。梵天はもともと神降臨の場であった舞台に、神を勧請するためのしるしであった。三道具は罪人逮捕の具であるが、芸能興行の運営にかかわった人びとの役割を暗示するとともに、梵天とおなじく邪悪なものを払う呪具として置かれた。あるいは、櫓銭を徴収したことのシンボルかもしれない。

舞台は能舞台を踏襲したもので、広さは方二間、約四メートル四方で、床下は板を張っていない。屋根は切妻破風の板葺きで、舞台前面三方に細長い幕を張り、後方の、能舞台では松が置かれているところと橋懸りのうしろには紋のはいった飾り幕や段幕を引いている（**図23**）。

見物席として、桟敷は通常はもうけられていたとおもわれ、一般席は、土の上に毛氈や蓆を敷いたものであった。「芝居」ということばは、「芝」つまり土の上に「居る」ことからもたらされたものである。

定舞台といっても、仮設の小屋掛けのイメージをそこなわないようにしてしつらえられていることをかんがえれば、河原での小屋掛けもこのようなものであったかとおもわれる。

この舞台様式が、遊女屋が経営する大規模な遊女かぶきが登場すると、大きな変貌を遂げることになる。

遊女かぶきは五、六〇人という人数をかかえていた。そうすると、その舞台はおくにのそれとくらべて約二倍半、方五間、約一〇メートル四方。この規模になると、五条橋東詰にはこの大舞台と数万人とも記された大観衆をおさめる小屋をもうける余地がすでになく、よりひろい空閑地をもとめて四条河原にいったのではないか（小笠原、前掲書）。それが、冒頭に記した慶長一二、三年以降にみられたのではないか。

こうなると、この遊女かぶきをひっさげて、あちこちをめぐるというわけにはいかなくなる。定着の芸能ということになってくる。

あたらしい「水辺の遊び庭」ができた

「かぶきおどり」は、どのようなものだったのだろうか。

小笠原が、そのようすを記した絵入りの「かぶき草子」を読み解いてくれる（小笠原、前掲書）。

全体の構想は、名古屋山三の亡霊をシテ（主役）とする能仕立てとなっており、

①おくにの父親で出雲の社人（ワキツレ）の登場、名のり
②おくに（ワキ）と父親の出雲から都への道行
③おくにの念仏踊
④山三の亡霊（シテ）の登場
⑤おくにと山三の問答
⑥「ありし昔」のかぶきおどり
⑦「めづらしき」かぶきおどり
⑧山三の退場

と展開する。これを、意表をつくいでたちと、どっと沸かせるセリフ、そして工夫を凝らしたおどりで進行していく。

ここで注目すべきひとつは、名古屋山三の亡霊の登場の仕方である。能では、シテは舞台

の上にあらわれ、観客を代表してワキがシテに語りかける。ところが、「かぶきおどり」では、山三は「貴賤の中」、すなわち舞台の外の「芝居」のなかからあらわれる。観客席から主役が登場するのである。これは観客をあっとおどろかせる発想である。観客はワキとともにシテに語りかけるように感じたことだろう。

ただ、室町時代の勧進興行では、舞台は四方を円形の桟敷に囲まれ、橋懸りは貴人席、すなわち正面席の真向いについているのが原則だったが、桃山期になると、舞台の背面は閉ざされて観客席は三方になり、橋懸りは舞台にほぼ直交する、という今日の能舞台の形式が固定してくる。すると、廻国をつねとするおくにのような芸能者たちにとっては、橋懸りをもつ能舞台で演じうる機会はきわめてまれであったから、観客席から芸人が登場するのは、ごくしぜんにかんがえだされたものであろう。

かぶきおどりでは、主役は観客のなかにいる。すると、主役の背後にいる観客は、正面からみている観客によってみられる対象となる。だから、芝居にはみな着飾ってやってくる。それがたまらない楽しみのひとつでもある。そこに弁当でも出るならば、まったく野外の「芝居」そのものである。

今日の歌舞伎の舞台の形式が、すでにここでというか、おくにによってかんがえだされていたのである。

そこから発展した遊女かぶきにいたっては、「かぶきが終われば傾城《けいせい》どもをあげて、夜もすがら遊ぶ」と『東海道名所記』が記しているように、遊女たちの品定め場がかぶきの場であったといってよかろう。演者と観客が一体となることを最初から意識した芝居である。いってみれば、野外のお座敷である。

そして、もうひとつ。観客席は基本的に土間であるから、かぶきおどりの空間は、柱と屋根でできた建物、これが舞台であるが、それだけが地面に建っているということになる。能の基本ともされる夢幻能は、里の人間が土地の霊となり、さらに神さまになっていく物語といえよう。このような能仕立てのかぶきおどりが演者と観客とがいりまじって進行するというさまは、琉球の伝統的な祭祀の場である「遊び庭《あそびなー》」とおなじ構図ではないか。舞台はそこに建つ建物、神アシアゲである。そうした場が川原につくられるとなると、まったく「水辺のあそびなー」（本書六「水辺は遊び庭」参照）そのものである。

そこで「ありし昔」のかぶきおどりと「めづらしき」かぶきおどりが、亡霊の山三とおくにとのあいだでかわされた問答のあとにおこなわれていることからかんがえれば、かつてのかぶきおどりについての確認と、あたらしいかぶきおどりのあり方についての会話がくりひろげられたのではなかろうか。

おくにかぶきが宮廷や将軍を巻き込むほどのたいへんな盛況であったのは、その衣装の奇抜さなどもさることながら、先人に出会ってそこからあらたなものを生みだしていく、そのことにあったのではないか。こうしたやりとりは沖縄の「遊び庭」でおこなわれただろうし、さらにむかしのアマツカミ族の東征の最終根拠になったとかんがえられる熊野川の中州の大斎原でもおこなわれたのかもしれない。能も、あるいは、ここから発したのかもしれない。

そのようなかぶきおどりの舞台が、櫓を上げて、まるで威を張るかのように、四条河原のそこここに建っている光景を思い浮かべれば（図21参照）、ひろい四条河原全体が「水辺のあそびなー」であるといってよい。なんでもない水辺が、京の人たちの「水辺の遊び庭」になった。なんでもない水辺が、「かぶきおどり」の跳躍によって「水辺の遊び庭」をよびさまし、あたらしい「水辺の遊び庭」になった。都市のなかに「水辺の遊び庭」を生みだした。

「水辺の遊び庭」が町になった

ところが、それで終らなかった。

祇園社（八坂神社）がある一帯は、平安奠都以前からひらけていたところである。貞観年間（八五九〜八七七年）藤原基経がそこに祇園精舎にならって、精舎を建てて牛頭天王《ごずてんのう》をまつるようになっていらい、その社を祇園社または祇園感神院とよぶようになった。いまの八坂神社の起源とされるものである。その祭は祇園会、祇園御霊会とよばれた。御霊会とは、非業の死を遂げたものの霊を送る祭礼である。平安時代中期いらい、その信仰がさかんとなり、とくに西大門前大路には門前町風のものが形成されていったようである。

それが史料にあらわれるのは、『八坂神社文書』の元和八（一六二二）年の「借屋請状」に「祇園町」とあるのが最初のようである。とすると、四条河原が隆盛をみせるのとほぼおなじく、祇園町の拡大がはじまったことになる。

そして、寛文年間（一六六一〜一六七三年）に、鴨川のすぐ東に、いわゆる祇園外六町《ぎおんそとろくちょう》があらわれる。大和大路にそって三条方面から四条通り南の団栗辻子《どんぐりのずし》までの間に弁財天町・二十一軒町・常磐町・中之町・山端町・宮川町が形成された。

延宝四（一六七六）年の祇園社頭から四条河原をへて祇園御旅所にいたる景観をえがいた、祇園社に奉納された扁額《へんがく》のひとつ（『扁額軌範』第二巻中）には、祇園社から御旅所にいたる四条通りの、四条河原と大和大路のあいだに、櫓が立つ大芝居小屋が五つ、えがかれている。南側の三軒の櫓に張りめぐらされた幕にはその側面に紋が染められている。北側の二軒には「浄瑠璃　天下一　薩广」「井山　太夫　又兵衛」と染め抜かれている。四条通りからすこし北の大和大路西側にもう一軒が櫓を上げている。櫓のなかには、太鼓がみえる。桟敷が周囲にめぐらされ、中央は野天になっている。切妻屋根の舞台もみえる（図24）。さきにみた北野社の定舞台とおなじである。貞享三（一六八六）年の『京大絵図』にも、これらの大芝居小屋が建つ

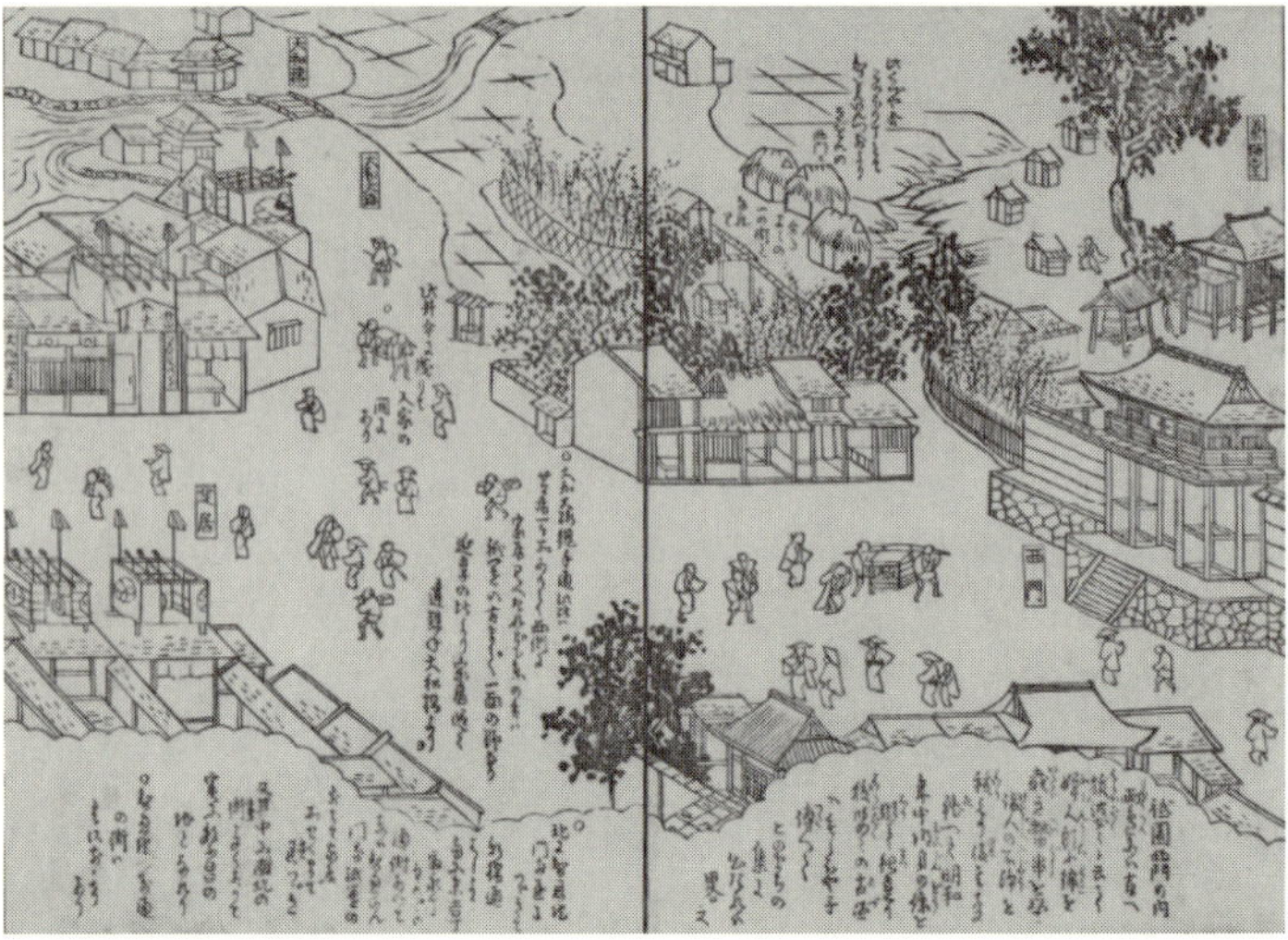

国立国会図書館蔵）

敷地に「芝居」と書きこまれているから、祇園外六町の形成にともなって大芝居小屋が建築されたことがわかる。芝居街が生まれたといってよい。

「水辺の遊び庭」の大芝居小屋が、陸の町地にあがって、本格的に建築化されて、劇場になった。日本の劇場建築の原型といってよい。

これらの大芝居小屋は、幕末には、北座と南座を残すだけであったが、明治二六（一八九三）年に北座が取り壊されて現在はそのことをしめす意匠があたらしい建物にとりいれられているにとどまっているが、南座は現在の京都四條南座である。その劇場構成は、おくにの「かぶきおどり」のそれをほうふつとさせる。

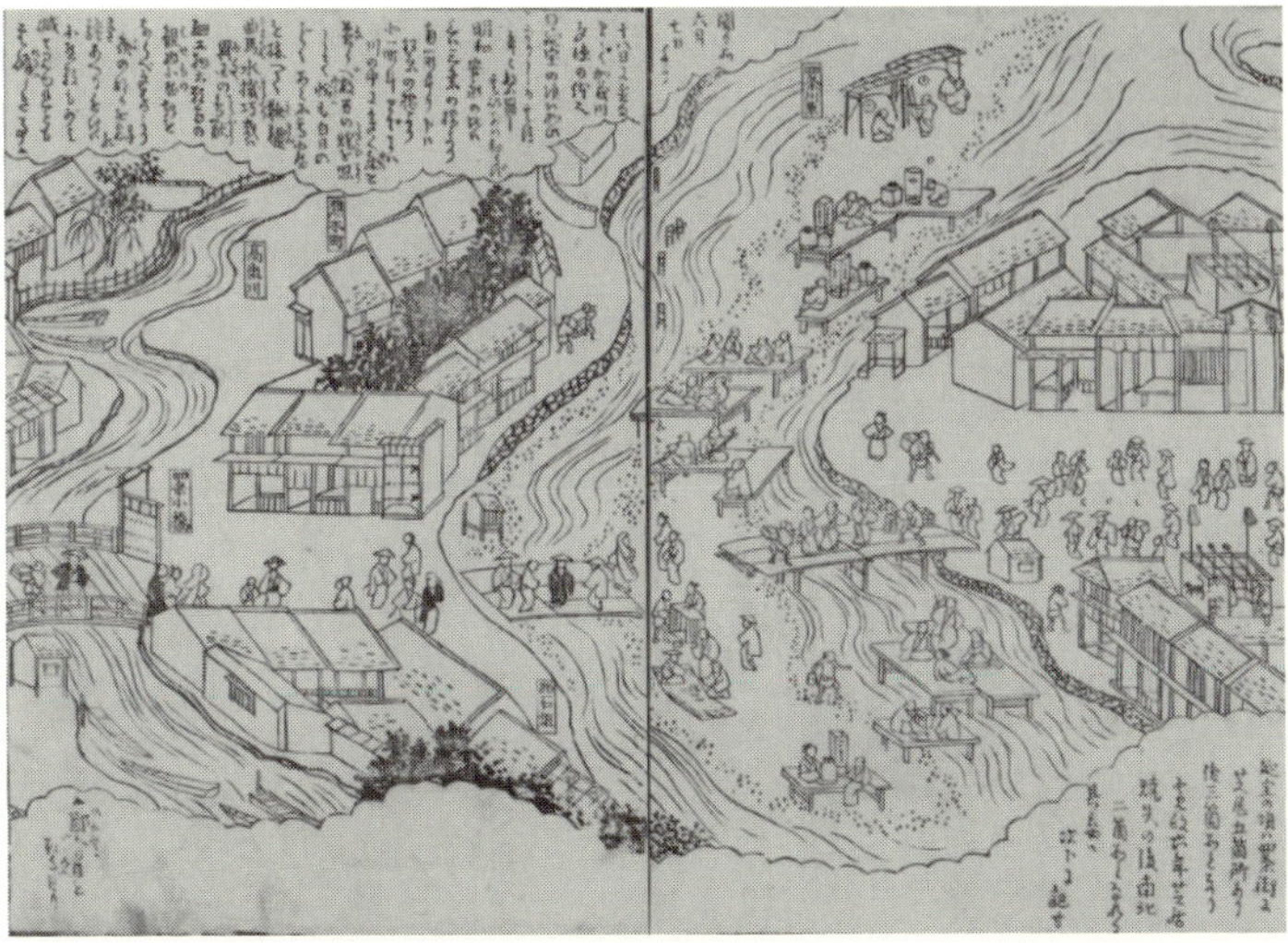

図24　祇園社から祇園御旅所にかけて建つ大芝居小屋（出所：『扁額規範』巻二中

祇園外六町に大芝居小屋が建ったかどうかというころの寛文二（一六六二）年の六月七日の祇園会のことを記した中川喜雲の『案内《あんない》者《しゃ》』に、

その夜より四でうがはらには、三でうをかぎりに茶屋の床あり。京都のしょにん毎夜すずみにいづる。飴うり・あぶりどうふ・真瓜等の商人、よもすがら篝をたく、人の群衆うたひどよめく事、野陣の夜るに相にたり

とある。祇園社の神事として七日から一四日までおこなわれる御旅まいりと、一八日におこなわれる神輿洗と関連して、四条河原の夕涼み（図21参照）がさかんになった。それはもう、夕涼みというより、真夏の夜の歓楽

地である。これは納涼床としていまもつづいている。

正徳年間（一七一一～一七一六年）には、この東部、白川沿いに祇園内六町（元吉町・末吉町・清本町・富永町・橋本町・林下町）があらわれて、四条河原界隈はさらに発展することになる。これは、祇園界隈として、現在もつづいている。

四条河原が「おくにおどり」にはじまって芸能の興行地となって殷賑をきわめたことが、町の形成をうながしたのである。なんでもない都市の水辺が「水辺の遊び庭《あそびなー》」となって、それが町になるとともに、町のさらなる発展をもたらしたといってよい。「水辺の遊び庭」が増幅されていったのである。

二——海辺にもうひとつの都市があった

幕末期、製造業にすぐれたものが

海外から開国をせまられていた幕末期、日本は、海外からどのようにみられていたのであろうか。

神秘の国・日本の開国という使命をうけたアメリカ・東インド艦隊司令長官のペリーは、その遠征にあたり、事前に、日本にかんする情報を可能なかぎり収集している（『ペリー提督日本遠征記』宮崎壽子監訳）。

どのようにしてそれを収集したのか。唯一、門戸が開放されていた長崎の出島の、主としてオランダからの情報なのだが、ケンペル、トゥンベリー、ティツィング、ドゥーフ、フィッシャー、メイラン、シーボルト、そのほかにもいろいろな人物が日本にかんする報告をしている。それらをあつめたが、知りたいことがすべて網羅されているわけではない、知りえていないことのほうがおおいだろうとことわったうえで、まず着目したのは、製造業の種類と内容である。

日本人はきわめて勤勉かつ器用な民族であり、製造業のなかには、他国の追随をゆるさないほどすぐれたものもある。

日本人は、鉄、銅、金、銀をはじめ、あらゆる金属をたくみに加工する。鉄の国内産出量はさほどおおくないが、国産の鉄鉱石から鉄を抽出し、鉄製品をつくっている。銅は豊富である。鉱石を処理する方法や、市場用あるいは製造用に銅を製錬する方法を修得している。金は未開発の状態である。銀の採掘もおこなわれている。金と銅の合金（赤銅のこと）のつくり方も知っている。金属に彫刻をほどこしたり金属像を鋳造するのは、日本人の得意とするところである。いくつかの金属工業は、大規模で秩序だった製造所でおこなわれている。

木材や竹材加工において日本人と比肩しうる国民はいない。また、世界に冠たる木工製品の漆塗りの技術がある。

日本人はガラスの製造方法を知っており、いまでは無色のものから色のついたものまで、さまざまな用途におうじてつくっている。

日本人は磁器製造を得意とし、中国製のものよりすぐれているという人もいる。

紙については、文字を記したり印刷したり、また壁掛けやハンカチ、包装用にと、日本人はじつに多量の紙を製造する。品質にもさまざまな種類があり、なかにはわが国の木綿布のように、柔らかくしなやかなものもある。原料には楮《こうぞ》がつかわれている。日本人が織った絹の最高級品は中国産のものより上質である。最高級品は重罪人が織ることになっている。木綿織物もつくられているが、技術的にはさほど熟練していない。日本の冬は寒いので毛織物も必要かとおもわれるが、まったく製造されていない。

日本人は特定の動物の皮を加工するが、皮革の加工や販売にたずさわるのは世間ののけ者で、社会から排除された人びとである。日本人はわれわれのように靴やそのほかの履物に皮をもちいることはない。

山の隅々まで耕されている

日本の農業についても、しっかり情報をあつめている。

日本は山国である。しかし、道路が通っている場所と、木材や木炭を供給する森林地帯をのぞけば、ほとんどの土地は山の頂上にいたるまで耕されている。耕作につかわれる動物は、馬、牛、および大型の水牛で、車を引いたり背に重い荷物をのせて運ぶように馴らしてある。がいして土地はやせているが、莫大な労働力をそそぎこみ、灌漑をおこない、ことに堆肥についての知識をよく生かして農作業をおこなっているため、収穫量はおおい。

主要作物は米で、日本人はアジアで最良の米をつくるといわれている。大麦や小麦もつくられている。大麦は家畜の飼料用で、小麦はそれほど重要視されておらず、おもに菓子や醤油に使用される。米についで重要な産物は茶である。大量に生産され、あまねく飲用されている。豆の種類はおおく、種々の野菜もつくられている。数種の食用の根菜類も、丹念に栽培されている。

養蚕用や製紙用として、桑の木もおおく植えられる。琉球では、サトウキビから粗製の砂糖がつくられているが、日本本土では砂糖はある樹液からつくられている。

豚もわずかながらいるが、もともとは中国から輸入されたものである。沿岸地方の農家に豚を飼っているところもあるが、かれら自身は食べず、日本との貿易を許されている中国のジャンク船に売る。

日本人は、園芸の分野においてもひじょうにたくみである。自然の生産物を小さく育てたり、大きく育てたりする技術をもっている。

沿岸を利用した

つぎは、商業、交易、交通にかんする情報である。

かつて日本人はみずから建造した船で、朝鮮、中国、ジャワ、台湾、および自国からかなり離れた場所へも航海していたが、ポルトガル人が追放されたとき、日本人の海外渡航も禁止され、それいらい航海術は衰退した。しかし、国内では、短路の沿岸航海がおこなわれている。漁船は海に出るが、岸からあまり遠くへはいかない。だが沿岸貿易はさかんであり、日本人は魚をよく食するために、貿易船や漁船の数はひじょうにおおい。羅針盤ももっているが、われわれがつかうものとはちがって方位はこまかく分かれていない。船の構造は、設計にかんしては、ひじょうにおそまつである。日本人はヨーロッパ船を模倣して、いくどか高性能の船を建造したのだが、ある特別の理由から法が介入し、民間の技術改良を遅らせてしまった。かれらの船は法律にしたがって船尾をひらいてつくられているので、外海の高波を切り抜けることはできない。船の設計を規定するこの法律は、日本人を故国にとめおくためにもうけられている。

日本は気候の変化に富んでいるため、種々の産物にめぐまれ、また人口もおおいので、国内取引はさかんにおこなわれている。おおくの地方は町から町へ、村から村へと何マイルにもわたってつらなり、一本の街路のようになっている。

気候と産物の多様さについていえば、サトウキビや熱帯果実、温帯地方の産物が採れる。鉱物資源はたいへんに豊富で、その製品もおおい。こうした条件から、きわめておおくの人びとのあいだでの国内取引が必然的に活発になっている。商品を運搬するための便としては、貨物は陸上では荷馬や荷牛で運び、道路も立派でよく整備されている。交通量のおおい街道筋には立派な橋をしばしば石で建設するが、トンネルをつくる技術はまだ修得していない。道路のほかに、川や湖も、可能なかぎり国内取引に利用されている。海に近い地域では、大部分の取引は河川をつかっておこなわれている。

ただ、漁業とその関連事業にはあまり関心がなかったのか、記述はあまりない。

自然生産物はめぐまれている

最後は、これからの可能性についてである。

ほかの有数の国々にまさる富を形成しているのは、あらゆる種類の鉱物と金属、とくに金、銀、銅のおかげである。金は各地で発見されている。金の量がおおいことはまちがいない。銀山も金山とおなじくらいおおい。銅は列島各地に豊富にあり、なかには世界最高の品質を誇るものもある。水銀、鉛、錫もある。鉄は、採取する質はひじょうに高く、そこから比類なく優秀な鋼をつくる。石炭は大量に採掘されており、全国で一般につかわれている。

日本は火山国であるため、硫黄は豊富であり、政府はこの硫黄でかなりの収入を得ている。

宝石については、ダイヤモンドは発見されていないが、瑪瑙《めのう》、紅玉髄《こうぎょくずい》、碧玉《へきぎょく》などがみられ、なかにはひじょうにみごとなものもある。真珠は、ほとんどの沿岸部で採れ、大粒で美しいものもおおい。真珠母貝、珊瑚、竜涎香《りゅうぜんこう》、ナフサも輸出品目のなかにはいっている。

日本でもっとも一般的な樹木は、樅と檜である。木材用の樹木の保存の必要性に敏感で、成木を切るときは、かならず若木を植林することが法律できめられている。杉は貴重な輸出品目のひとつとかんがえてまちがいない。桑もよく栽培されている。楠は価値が高く樹齢が長い。栗の木にはみごとな実がなる。果樹については、ミカン、レモン、イチジク、梅、サクランボ、杏の木がある。ブドウはほとんど栽培されていない。

科学的知識とその応用についても、ふれている。

農業国家とおしえこまれた

このように、一九世紀後半、ペリーが開国をせまるべく事前に収集した日本は、けっして農業社会などではなく、すでに高度に発展した産業・商業を保持する経済社会であった。

ところが、わたしたちは、弥生時代に稲作がもたらされていらい、ずっと、日本は農業社会であった、農民社会、農村社会であったとおしえこまれ、またそう信じてうたがわなかった。だから、その農業国家が、明治維新をむかえて急速に工業化、近代化をすすめ、さらに一九六〇年代以降、高度成長をとげたのは、「奇跡」であり「謎」でさえあるといわれると、そのとおりだとおもってきた。

しかし、このようなデータを、しかも外国人の目から提示されると、それが大きなまちがいであったとみとめざるをえない。たしかに、農業社会が明治維新を境に、一夜にして工業社会に変わることはあるまい。

では、『ペリー提督日本遠征記』があきらかにしたことは、いつごろからあったのか。最近の考古学の大きな進展がおしえてくれるのだが、ほとんどが縄文時代にすでにあったとかんがえざるをえない。稲作がもたらされた弥生時代になっても、それは変わっていない。農業をいとなみながら、さまざまな仕事を人びとはやっていたのである。このことは江戸時代になっても変わらない。すると、日本を農業社会とみるようになったのは、あるいは、近代にはいってからかもしれない。

なぜ、そのようなことになったのか。それは、豊臣・徳川政権下でおこなわれた、武士・町人・百姓の身分の確定にある。そして、武士・町人（城下町など大きな都市に住む商工人の総称）以外は百姓または水呑《みずのみ》に位置づけられ、城下町とそれ以前のわずかな都市をのぞいて、すべて村とされ、儒教的な農本主義が国政のうえでつらぬかれたからである。百姓はすべて、石高、つまり米の収穫高でしめされたから、後世、百姓＝農民とみるようになったということであろう。

しかし、百姓のなかには、農業ばかりに従事するのではなく、他の仕事をやっている者もおおかったし、田畑をもたない水呑にいたっては農業以外の仕事についていたものがきわめておおかった。

「村とよばれた都市」があった

そうすると、どういうことになるか。

日本中世史の網野善彦（1928〜2004）は、奥能登地域と時国家《ときくに》の調査などをつうじて、すくなくとも中世にまでさかのぼって、「村とよばれた都市」があったと断言する（『海民と日本社会』）。

奥能登地域は、ほとんどが山地で平野がすくなく、耕地は狭小だ。山の斜面に「千枚田」がひらかれ、その光景にわたしたちは歓声をあげる。しかし、かんがえてみれば、それは貧しさゆえの風景ではないか。しかも、この地は古代からの流刑地で、「辺境」の地であった。ために、江戸時代までこの地域には中世の名田の遺制が生きつづけ、一〇〇人から二〇〇人の下人をしたがえた、時国家、黒丸家などの豪農が数おおく残った。このように理解されてきた。「豪農」である。

ところが、神奈川大学日本常民文化研究所が長年にわたってこの地域の古文書をしらべたところ、それとはまったくちがった奥能登地域が浮かびあがってきたのだ。

たしかに、江戸時代にはいったばかりのころの時国家は、三〇〇石という巨大な石高を保持する百姓である。しかし、大船をもっていて、北海道の松前から敦賀にいたるあいだを航行し、松前の昆布を商品とする取引をおこなっていた。また海浜にかなりの塩浜をもって製塩をいとなんでおり、その交易をおこなった。管理する山林からは薪炭も産出した。さらに河口近くの潟湖にそった港にひとつの根拠をもっていただけでなく、内湾にも船入を確保していた。近隣に鉛を産出する鉱山をみいだして、その経営にも手をのばそうとしていた。

下人は従来の中世・近世史研究において、奴隷または農奴と規定され、時国家は大農奴主経営ととらえられてきたが、下人のなかには鍛冶屋、石工、桶屋、塩浜の経営の専門家である塩師、水手《かこ》などひじょうに多様な職能民がおり、製塩、漁撈、山林、鉱山、廻船など、それぞれに適した労働力をもちいて、多角的な経営をおこない、金融業もいとなむ企業家ともいうべき存在であった。「豪商」である。このとき、時国家は制度上は「百姓」であった。

ということは、奥能登の百姓には石高＝田畑をもたない人びとである水呑がおおいが、そのなかには田畑などをもつ必要のない豊かな商人、職人が数おおくいたということである。これは奥能登にかぎったことではない。周防の上ノ関《かみのせき》では、一八四二年の浦方の百姓のうち、六一パーセントが商人で、農人は一三パーセントにすぎない。この地域の水呑は、農人は皆無で、三六パーセントほどを占める商人をはじめ、船持・漁人、家大工・船大工・鍛冶など、ほとんどが商工業者であった。

こうした非農業的生業を主とする人たちの集住する地は、農村とか漁村というわけにはゆくまい。都市という表現がぴったりする。しかし統治の都合から、行政的には石高であらわす

「村」としてあつかわれてきた。「村とよばれた都市」である。

こうした都市が、江戸時代の初頭から、海辺を中心にきわめておおく分布していた、とかんがえてよい。出入り自由などの性格をもつ海辺ならではのことであろう。

都市といえば城下町などしかないとされてきたが、じつは、それ以外におおくの海辺都市があったのである。「もうひとつの都市」、といってよかろう。

江戸時代の社会は「自給自足」によってなりたつ農業社会などではなく、当初から非農業的、都市的な要素をもつ社会であった。

こうしたことを、網野善彦は、文献史学の立場から、データをしっかり押さえながら説明してくれる。海辺に根拠をもち、漁撈はもとより、製塩を海辺でおこない、船をあやつるのにたくみな人びとは海・湖・川をつうじて広域的に活動し、交通、物資の運搬をおこなっただけでなく、塩・魚貝・海藻などの交易を起点としてはやくから商業活動にたずさわっていたというのである。そしてそれは、おおよそ四〇〇〇年ほどまえ、縄文時代の後期から晩期にかけてまでさかのぼることが可能であろうという（網野善彦、前掲書）。

海辺が生活の主たる場

ふるくからわたしたちが海で活動してきたことは、平安中期に律令の施行細則をさだめた

『延喜式』の調にかんする項目でも確認することができる。

> 賦役令《ぶやくりょう》　1　調絹絁《ちょうけんあしぎぬ》条
> 凡そ調の絹・絁・糸・綿・布は、みな郷土の出す所に随え。……若し雑物《ぞうもつ》を輸《いた》さば、鉄十斤、鍬三口《く》（口毎に三斤）。塩三斗、鰒《あわび》十八斤、堅魚《かつお》卅五斤、烏賊《いか》卅斤、螺《つび》卅二斤、熬海鼠《いりこ》廿六斤、雑《くさぐさ》の魚の楚割《すわわり》五十斤、雑の腊《ほしいお》百斤、紫菜《のり》卌八斤、雑の海菜《もは》一百六十斤、海藻《め》一百卅斤、滑海藻《あらめ》二百六十斤、海松《みる》一百卅斤、凝海菜《こるもは》一百廿斤、雑の腊《きたい》六斗、海藻根《まなかし》八斗、未滑海藻《かちめ》一石、沢蒜《ねびる》一石二斗、島蒜《あさつき》一石二斗、鰒鮓《あわびすし》二斗、貽貝鮓《いがいすし》三斗、白貝葅《おうにらき》三斗、辛螺頭打《にしかぶち》六斗、貽貝後折《いがいしりおり》六斗、海細螺《しただみ》一石、棘甲蠃《うに》六斗、甲蠃《かせえ》六斗、雑の鮓五斗、近江鮒五斗、煮塩年魚《あゆ》四斗、煮堅魚廿五斤、堅魚煎汁《いろり》四升。次丁《じてい》二人・中男《ちゅうなん》四人は、並に正丁一人に准《なぞら》えよ。

租税のひとつである調は、三四品目にわたる地域の産物で納めることができるのだが、海藻や魚貝であったり、魚貝の干し物、海苔であったりと、二、三をのぞき海の魚介類ばかりである。それらが地域の産物であるということは、日常的に海にかかわっている地域、すなわち海辺であるということと、海辺が根拠地であるということである。

　こうした海辺の根拠地に、中世末期から、港市があらわれ、それが近世をつうじて繁栄して、日本の経済をささえた。日本海沿岸には美保関、小浜、敦賀、三国湊、輪島、能代、十三湊が、九州では坊津、平戸、博多が、瀬戸内では赤間関、竈戸関、鞆、尾道、兵庫、堺が、東海では大湊、桑名、宇治、山田、江尻、品川、神奈川、六浦などである。畿内と日本海をむすぶ琵琶湖の大津、堅田、船木、今津、海津など、内陸部の河川の縁辺にも形成された。

こうした都市の発展は、農業生産の発展のみならず、鉄・銅の金属加工、陶磁器、漆器・木器、各種の繊維製品、染色等の手工業生産の顕著な展開にともなう、安定した村落の形成と不可分の関係にあった、と網野善彦はいう（網野善彦、前掲書）。

海辺の根拠地にあらわれた港市

港市とはどのような都市であったか、そのひとつ、越前三国湊をみてみよう（拙稿「三国（ふくい）」『歴史の町なみ　関東・中部・北陸篇』）。

三国湊は福井平野を流れる武田川と九頭竜川の河口の両岸に位置する港である。三国湊が繁栄を天下に誇ったのは、江戸後半から明治初期にかけてである。ただ、その名は平安時代初期に編纂された勅撰史書である『続日本紀』にみられ、中世の水運史にも多彩な動きをしめしている。中世三国は興福寺別院大乗院を領家とする荘園の一部に坪江荘として組みこまれ、その年貢の積出港として出発し、沿岸航路の発達や商品流通の活発化にともない、港としての機能を高めていった。

三国湊は「下町」と「上新町」とからなっており、下町は川沿いに、上新町はその背後の丘陵地に位置する。両町は行政的に分離していたし、機能も異にしていた。町の形態も、前者が狭小な曲がりくねった街路をもつ街村形態をなしているのにたいし、後者は第二街区ともいうべく、街路もだいたい整然としている。

下町は竹田川の本流にそった地域で、江戸初期にはすでに形成されていた市街と、一七世紀なかごろから一八世紀初期にかけてより川下に形成された市街とからなっている。下町の新市街がしだいに川下につくられていったのは、流砂によって湊が埋まったり、船舶が大型化したことなどによって、主要な泊地が下流に移っていったためであろう。江戸初期の岩崎・森などの各町、江戸末期の元新町・今町などの表町のほかに、裏町・寺社門前などが一六町もあった。幅二、三間半ほどの街路が各所で屈曲しているのは、各町の興立年代が異なっているからであろう。

この下町の川方には、船着き場や荷上場があり、福井藩の藩蔵や問屋街からなっていた。元文元（一七三六）年には藩蔵のほかに俵子蔵が六〇余あった。文久元（一八六一）年の「川端通之図」をみると、木場町の川口番所から預番所までの戸数は九九戸で、そのなかにはおおくの荷蔵がふくまれている。さらに、明治二（一八六九）年には俵子蔵一二五、塩蔵三五、四十物蔵一七あった。

上新町は、かつては山畑地だったところである。万治二(一六五九)年にめいめいが地所を買いもとめたようで、元禄から宝永ごろにかけて平野・久宝寺などの七町ができた。そのほかに裏町が四町あった。この上新町には、商店街や歓楽街が形成された。

そこに建てられた建物は、三つの型に整理できる。第一に切妻妻入平屋建てあるいはその前方に庇がついた家屋、第二にこの前方の庇が内部空間化した平屋建て家屋、第三に庇の部分が二階建てになり、いっけんしたところ平入にみえる家屋である。第三の家屋は「カグラ建て」とよんでいる。安政年間(一八五四〜六〇年)ころにえがかれたといわれる「三国湊絵図」にみる民家は切妻妻入家屋にかぎられているので、第一、第二の民家型をへて、近世末期に第三のカグラ建てが成立したものとかんがえられる。

これらの民家型の地域分布をおおまかにみれば、第一の民家型は背後の上新町におおく、第二、第三の民家型は川沿いの下町におおい。とりわけカグラ建ては下町の問屋建築に数おおくみられる。どことなく京の家並みをおもわせる下町で、都市という雰囲気をかもしだしている。高度な技術を有した船大工技術者集団など、優秀な建築技術者がいたであろうことが浮かびあがってくる。

これらが織りなす家並みは、とくに川沿いの下町の表通り側は、街路が曲がりくねっており、

図25　越前三国湊の風景。手前にはおおくの舟が、背後におおくの寺社がえがかれている（出所：『越前三国湊風景之図』慶応元年、坂井市龍翔博物館蔵）

くわえて建物の種類がいくつかあるので、けっしてととのった家並みとはいいがたい。が、逆に、やや雑多な感じがするところが、いかにも港町らしい雰囲気をかもしだしているともいえる。漁村でみかける風景である、裏側つまり川沿い側にまわると、川沿いに荷蔵がもうけられており、それがずらりとならんだ光景は壮観である。慶応元（一八六五）年の「越前三国湊風景之図」（**図25**）などのふるい絵図をみると、そのようすが強調気味にえがかれている。

このような三国湊だが、「村」としてあつかわれてきた。下町の惣家数七三九軒のうち、「高持《たかもち》」（百姓）は三三二軒、「雑家《ぞうけ》」（水呑）は四〇七軒で全体の五五パーセント、さらに上新町二四四軒、木場町三四軒、四日市町二二軒の計三〇〇軒のうち「高持」はわずか三八軒、「雑家」が八六パーセントを占めている。三国湊の全体の惣家数は一〇三九軒、そのうち「雑家」は六四・三パーセントに達する。いわゆる水呑がきわめておおい「村」となっているが、「高持」「雑家」のなかに、屋号をもつ船持や多様な商人がいたとかんがえてまちがいなかろう。「北国大船」五艘をはじめ、「海上船」一四艘、「川船」三五艘をもち、「入船数　大小　弐千弐百艘余」がおよそ半年のあいだに入港していたという(網野善彦『日本の歴史00「日本」とは何か』)。

湊におおくの寺社が

三国湊の絵図をあらためてみると、おおくの寺社がえがかれていることに気づく。湊のなかではなく、その背後に位置している(**図25**)。湊絵図に寺社が書きこまれていることは、すべてが湊と関係しているということではないとおもわれるが、寺社が湊となんらかの関係があったことをうかがわせる。

おそらく、海辺で仕事をしている人たちがおり、海辺に居住する人びとがいて、そこでの布教活動から社寺が生まれたということであろう。そのときすでにあるていど湊の存在はみられたのであろうが、布教活動にともなってそれがさらに発展していって、さきにみたような湊になっていったのではなかろうか。つまり、寺社になんらかの湊の発展をうながすものがあったのではないかということである。

中世という時代にあって、寺社がその主役であったことは、さまざまな側面から指摘されている。古代にあっては、寺社は国家鎮護のために公的につくられたから、僧侶はいわば公務員であった。ところが、中世になると、王権から寺社が分離し、おおくの寺社が武力をもち治外法権を前面に出して、独立した存在になった。僧侶個人ではなく僧侶集団が力をもったのだが、その集団は明確な組織をもっていない。だから、寺社勢力、とでもいうしかない。そして、一般の人びとのあいだにはいっていった。いわゆる仏教の民衆化の時代、それが中世であるといってよい。伝統文化といわれるものの大半は中世寺社に起源をもつ。今日も生きている寺社文化のひとつは日本語である。都市とか未来、大衆、商人、平等などといったことばは、仏典からきたものである。また、建築技術をはじめ、石垣普請、庭園築造、弓矢制作、鉄砲生産、築城など軍需産業にいたるまで、先端文明も寺社に発生した（伊藤正敏『寺社勢力の中世』）。

こうした寺社勢力が拠点としていたところが、高野山であり、奈良であり、比叡山であり、越前平泉寺であり、加賀白山であった。

江戸時代に作成された「平泉寺境内絵図」をみると、中央に三三間の拝殿が置かれ、その両側に、甍が整然とぎっしりえがかれている。宿舎にあたる坊院である。それは南谷に三六〇〇坊、北谷に二四〇〇坊、あわせて六〇〇〇坊あったといわれている。

このような中世寺院は、学問や技術にすぐれた僧侶をおおく輩出したし、高度な手工業技術が研究され、製品の大量生産がおこなわれた。最高の先生があつまっている教育の場であり、テクノポリスであった。ルイス・フロイスは比叡山を「日本の最高の大学」とみた（伊藤正敏、前掲書）。

寺社が海辺を発展させた

しかし、さきにみた越前三国湊の寺社は、このような大きな寺社の末端をなしていたとしても、それとは無縁に近いものでなかったか。

それは、率先して殉教を志願して布教のために新大陸にやってきたイエズス会の伝道僧たちの世界と重なる部分もおおい。

新大陸のそこここには、先住民が小さなグループをつくって住んでいた。伝道僧たちはそこに無防備の状態ではいりこんでいくわけである。生活はすべて自分でささえなければならないから、衣食住にかんする生活技術は事前に身につけていた。修道僧のなかにはもともと建築家兼大工などであった者もいた。その生活技術は、伝道のなかで強制することもなく先住民に伝わった。そして、森のなかに、草原のなかに、あたらしい一大居住地が生まれた。

ジャーナリストでノンフィクション作家の立花隆（１９４０〜２０２１）は、現地を訪れて、その圧倒的な世界に驚かされている。ジャングルのなかで原始的な狩猟採集生活をしていた先住民たちはジャングルを切りひらいて、石造りの家を建て、教会をつくり、学校や工場をつくった。農場では穀物、マテ茶、カッサバ、綿花、サトウキビなどが栽培され、牛や羊が飼育された。製粉場があり、製糖所、搾油所、製糖工場などがあり、鍛冶屋もあった。当時のヨーロッパにあった手工業はたいていあった。かれらは音楽と美術にすぐれた才能をもっていた。楽器や時計までつくっていた。この地でつくられたバイオリンやトランペットなどは、ヨーロッパへ輸出されていた。病院もあったし、トイレは水洗だった。かれらはヨーロッパの様式にしばられることなく、独自の感性を付加してそれを発展させた。かれらの社会は、物質文明においてすすんでいただけでなく、精神的には、ヨーロッパよりすすんでいると、当時のヨーロッパの知識人からみなされていた。こうした伝道村が、一七世紀初頭からつくられはじめ、最盛期には三〇ほどができた（立花隆他『インディオの聖像』）。

ヨーロッパ人のブラジルの入植地では、修道院が建設されると、かれらは井戸を掘って生活水を得、農園をもって小麦やブドウなどを植え、道や橋をつくり、それらの技術と成果物を地域にも提供するとともに、入植者、黒人奴隷、先住民らと協働して根拠をかまえていった。入植者が自前で教会を建設して、それを修道会に寄贈したりしたし、死後の財産を寄贈することを約束して子どもの一人を修道会にいれ、死後の居場所を確保することもあった。また、入植の拠点のひとつであったサンパウロでは、長らくのあいだ先住民の言語が公用語であった（拙共著『ブラジルの都市の歴史』）。

ひるがえって日本の中世をみると、皇族あるいは上級貴族の子どもが特定の寺にはいったし、下級貴族や武士出身者は学問にたずさわる学生《がくしょう》として寺にはいった。学生の武士出身者は跡継ぎ以外の武士の子弟がおおかった。農民身分の出身者は、夏衆《げしゅ》・同衆《どうしゅ》として、肉体行にたずさわった。

一般の人びとは、お祭りで神輿をかついだり、お祭りの費用を負担したりして、神人《じにん》という身分を得た。というのは、農民や商人などの力の弱い者は、寺社に属して力を得ようとしていたからだ、とされる。

しかし、三国湊の寺社のようなばあい、寺社としては港を交易商業活動の場とみていたであろうが、漁撈をやり、製塩をやり、船で広域的に活動していた海に生きていた人びと、出入り自由の湊に根拠を置く人たちにとっては、寺社から技術や知識、情報などをもらうことのほうが大きかったのではなかったか。

このようにみるならば、湊に根拠を置く者が技術や経験をもつ寺社と協働、連帯することで、中世寺社が変質していくなかで、かれらの湊は近世にはいって大きく発展した、と理解できるのではないか。

三——山海の一大都市をつくった

mountain goes to sea

東西に長くつらなる六甲山系の山すそから海まで、わずか一～四キロメートル。断層崖がつくりだしたものだ。そこに神戸の街がつくられた。

その地形形成の歴史をおっていくと、海岸線が海へ海へとせりだしていく、その連続である。急峻な山が雨で吐きだした土砂が次から次へと扇状地などをつくりだして、陸地をふやしていった。それでもたったこれだけである。

この地形が必然的に神戸の都市発展エネルギーを南の海へ、北の山へと押しやった。

昭和二四（一九四九）年、原口忠次郎（1889～1979）は、二度目の挑戦で神戸市長になった。原口六〇歳のときである。

原口は、東西三〇キロメートルの海岸線に数百万平方メートルの埋め立て地をつくろうという計画を立てた。具体的な工法も、資金のめどもなかった。しかし長年の経験から、自信はゆるがなかった。

そして「山を削って海を埋め、海にあたらしい日本の領土をひろげる。山は宅地に生まれかわり、あたらしい都市空間となる」と宣言した。

それを、アメリカの雑誌が*“mountain goes to sea”*と見出しをつけて紹介した。「山、海に行く」である。外国の人は、山がひとつ、空を飛んでいって海に浮かんだようにイメージしたのであろうか。まるでおとぎの世界である。が、それは、原口にいわせると、せまい神戸が生んだ「生活の知恵」である。

そして、海中に一大都市が生まれた。ポートアイランドである。ひとつの人工島が一九八一年に街開きした。

いわゆる人工島とは異なる

神戸の街の前海は平均水深一〇メートル。大型船がはいることができる天然の良港である。平安時代末期、日宋貿易のため大輪田泊《おおわだのとまり》（兵庫港）がひらかれたが、南風が強い。その風除けに近くの塩槌山《しおづちやま》を削った土砂で港町のまえに経ケ島をつくった。八〇〇年もまえに、ポートアイランド、港島があった。

これを大々的にやったのは、大坂城下町がはじめであろう。豊臣秀吉は上町台地の西の砂州をつかって町場をつくった。船場である。徳川の時代になって、さらに西側を埋め立てて街並み整備がおこなわれた。道頓堀などの堀が四通八達した全国の物資の集散地で、商人などが架けた橋のおおさから、八百八橋が大坂の代名詞になった。まさに多島物流都市である。日本のフィレンツェとも称される大坂である。

長崎には、江戸時代、出島がつくられた。二五人の豪商が資金を出しあった。けっして大きくはないが、ポルトガル人によるキリスト教の布教をふせぐため、また貿易をきびしく監視するため、かれらを本土から切り離して人工島に押し込めた。また、東京の浜離宮公園のように、葦原の湿地を埋め立てて汐入りの庭園にするなど、観光・レジャー目的の埋め立ては根強くある。埋め立ててつくった防衛拠点としての東京のお台場もある。ゴミ処理の人工島も歴史は長い。

近代には、長崎に端島《はしま》がつくられた。石炭の海洋掘削のための人工島だが、わが国はじめての鉄筋コンクリートの集合住宅が建てられ、学校はもとより神社までつくられた。その遠望景観から、軍艦島とよばれた。そして現代、海上空港の関西国際空港も、一九九四年に開催された世界リゾート博に合わせて人工島の和歌山マリーナシティもつくられた。

日本の国土は、まるで人工島の野外博物館のようである。海外でみられる人工島のほとんどすべてのタイプが日本にあるとみてよかろう。人工島の国、日本である。

そのなかで、原口が宣言したポートアイランドは、いわゆる人工島とはすこし異なるようである。

地味な調査による防災と人づくりから

原口には、昭和一三年の阪神大水害の復旧事業に内務省の神戸土木出張所長としてあたった経験があったし、請われて戦災復興本部長として、また助役として、神戸の街とかかわった。そのときは流出土砂と戦災がれきなどで大規模な埋め立てをおこない、復旧・復興計画の一環とした。

しかし、日本経済の成長は、神戸をひとまわり大きな港湾都市へと成長させていくことをもとめてきた。それは臨海工業地帯の造成という単純な用途だけではなく、さまざまな開発、再開発用地を必要とした。しかも都心機能と港湾機能が時間的にも空間的にもより強く密着する地点がよい。すると、それは必然的に、海岸線の延伸的膨張というかたちでもとめざるをえない。

山を削って海を埋め立てるのだが、山津波が怖い。それは阪神大水害で経験済みだ。原口は、事前の科学的調査をかならずおこなった。地味な調査にもとづいてこそ、自然の恐怖心をぬぐい去り、災害を避け、もっとも効率的な工法を生みだす糸口ともなる。大小数十の山々を三年間にわたって綿密に調べた。そして、風化した土砂が堆積した山は、ほうっておけば山津波を起こすもととなることがわかった。

山を削ることこそが、街を災害から守ることだ。

こうした都市づくり、国土づくりを実践するために、技術をいっぽうの車輪とすれば、人づくり、社会づくりは、原口にとって、もういっぽうの車輪であった。人への投資なくして、町の成長はないということであろう。それは満州時代に夜間工業学校新京学院を私費でつくったことにはじまる。神戸に実技研究院をつくり、みずから学院長になった。神戸少年団もつくった。役所の女子職員のお茶くみを廃止した。「ありがとう、すみません、どうぞ」の三つの言葉をつかうよう、市の吏員だけでなく市民にもはたらきかけた。みずからの退職慰労金で財団法人原口育英会をつくった。家庭養護寮・家庭託児所という制度、重度障碍児年金制度、教科書の無償配給などを国にさきがけて実施した(『原口忠次郎の横顔』)。

港外に人工島都市を

ひたひたと押し寄せる海上輸送革命。これまで神戸港の改築や増築などでそれに対処してきたが、もはやふるい神戸港に依存することは不可能であった。それは量的なものだけでなく、質的なものでもある。昭和開国、第二の黒船である。コンテナー船時代の到来である。それに対処するあらたなスペースが必要である。

原口は、神戸港の外という飛び地的立地をうちだした。海岸埋め立て地延長案は常識的には穏当かつ安全な策である。しかし、時勢の流れをかんがえると、それはかならずしも最高とはいえない。素直な眼で図面をみれば、「海面」があるかぎり、そこに埋め立ての可能性はあるはずである。

港外に人工島を築く利点を、原口はつぎのようにとらえた。第一に神戸港外の水深は一二～一三メートルとほぼ変わらず、技術面、採算面での難点はおなじ。第二に南風に弱い神戸港をかばうためには、その南に人工島を築き、これを防波堤とするのが一石二鳥。第三に都心機能、港湾管理機能との関連をかんがえれば、人工島のほうがよい。

そして、大型プロジェクトのばあい、道づくり、埠頭づくりが都市づくりにつながる多目的なものでなければ、莫大な資本は永久にペイしないだろう。そうかんがえて、原口は人工島に二一世紀の総合的港湾都市をつくり、防災、経済開発、社会開発、技術開発という多目的をめざした。

都市はひらかれている

原口は、ポートアイランドを自由港にしたかった。しかし、関税上の隘路があまりにもきびしく、この案は立ち消えになった。二一世紀の都市づくりが残った。ポートアイランドは連絡橋で既成市街地とむすぶが、機能的には都心に直結している。たんなる埠頭とか工場団地におちいることなく、総合的都市として形成される素地は十二分にある。四・二平方キロメートルの広々とした空間には、法律や用地に制約されることなく、キャンバスにデザインするように都市設計がえがける。

世界でもっとも効率的な港湾機能、すべての情報が的確に処理される情報センター、緑と太陽と魅力ある高密度住居群、海に親しみ海を知るための教養・娯楽施設など、垂直都市でも塔状都市でも実現の可能性を秘めている。二一世紀が都市に要求するものをあたえるために、無限のモビリティに即応しうる現実の都市空間が、神戸港外に生まれつつある。原口は、のちにそう述懐した（『過密都市への挑戦――ある大都市の記録』）。

原口は佐賀のクリーク地帯の農家の跡取りであった。佐賀は永々と造地活動をつづけている土地である。山海の自然作用で干潟がどんどん拡大し、ために百年ごとに干拓をしなければならない宿命を負っている。そういう地をみて育った原口である。日本の土地にたいする造詣の深さは知らずしらずに身についていたにちがいない。ポートアイランドの構想はこのことと無関係ではあるまい。

原口は、四高（金沢）と京都帝国大学に学び、内務省にはいって東京の荒川放水路事業に一五年間たずさわり、満州の新京の都市計画に従事し、神戸土木出張所長をへて中国四国土木出張所長となって四国の潜在的資源の大きさを知った。そして、瀬戸内「水のメガロポリス」と東海道「陸のメガロポリス」の結節都市として、ポートアイランドを位置づけた。それは「夢の懸け橋」とよばれた明石海峡大橋、神戸空港などによって実現されたといってよかろう。神戸空港はもともと関西国際空港になるはずであった。

都市はひらかれている。わたしたちの都市は水辺の都市であるゆえに、もともとひらかれている存在である。せまい神戸であっても、神戸はひろくむすばれている。そのことを、ポートアイランドはよびさました。

埋め立ては自然の賜物

ポートアイランドの造成は、山を削る、海を埋め立てるなど、自然破壊もいいところだ、といわれそうだが、じつは、それをやったのは、わたしたちの国土の自然と深くかかわっている。モンスーン地域特有の豪雨、そして急流河川という条件のもと、山はその土砂を雨によって河川をつうじて流域の各所にもたらして、大地を改変していき、最終的には海に流れこむ。洪水はその規模を拡大する。河口には山からの土砂がたえず流れこみ、潮流や潮の干満などによって沿岸に堆積したり沖に浚われたりする。海岸は山と海とがつくりだしているのである。

自然がくりひろげる埋め立て活動、急流河川がしぜんにおこなう造地活動である。急峻な山が国土の七〇パーセントもおおう日本の国土の宿命である。

するど、海の埋め立てという行為は、こうした自然現象を先取りしたもの、自然現象を人工的に再現したものということになる。自然の摂理にしたがった行為である。ただ問題は、近代、埋め立てによって既存の市街地と海とのあいだに工業地帯を挿入したことである。これで海との自由な関係が断ち切られてしまった。そうした問題はあるが、それをフランス人地理学者のオギュスタン・ベルクは「たえず国土がふえつづける国、日本」と表現した。日本ならではの現象というのである。埋め立ては日本の文化だ、といってもよい。人工島は、この埋め立ての延長上にある。

佐賀の自然を生まれてからずっとみてきた原口にしてみれば、背振山と有明海がわたしたちに干拓地をプレゼントしてくれることは、当たり前のことであった。そうしたわたしたちの国土の自然の動きをとりいれた人工島の造成は、自然がくれる贈り物以外のなにものでもなかったのかもしれない。

海を忘れかねる情

低平地を獲得していらい、わたしたちは海にかかわるというか、海にこだわりつづけてきた。

たとえば阪神地区の沿岸には、いくつかの時代の海とのかかわりがみごとにならんでいる。ふるくは、行基がひらいた摂播五泊のひとつ、大輪田泊で、平安時代末に平清盛が日宋貿易のために修築し、室町時代には足利義満が日明貿易の拠点とした兵庫津、摂関家に属し交通上の雑役を負担する有力な海民で、魚や貝を寄進し、海上交通の担い手としての役割をはたしていた長洲御厨《ながすのみくりや》や、瀬戸内海のなかで重要なポイントとなる港であったであろう大物《だいもつ》と尼崎の港町などからなる海岸線であった。その海岸が、幕末の開国にともなって貿易港として水深の深い神戸港と居留地を整備していらい、明治政府の殖産興業の掛け声のもとおしすすめられた工業化を目的として、沿岸は次々に埋め立てられ、一大工業地帯へと変身していった。

この西方には、須磨や舞子の浜がひろがっていた。六甲山地の西の端にあたり、山すそがそのまま海になだれこんでおり、舞子の浜がひろがる山すそには皇族や企業家の別荘が建てられたりした。丘陵が海ぎりぎりまで迫り、それでなくとも浜はせまい。その先端、海ぎりぎりに、海岸古墳で知られる五色塚古墳がある。そんな浜だった。

その浜が、一九七〇年代ころから埋め立てられてなくなっていった。それに代わって巨大な埋め立て地にできたのは、終末下水処理場であり、漁港であり、もうしわけていどの海釣り公園をふくむスポーツ公園であり、大型商業施設であり、人工海浜であり、さいごはかつての景勝の地、舞子の浜の松原をつかってはるか上空をはしる神戸淡路鳴門自動車道であった。

わたしたちが海にかかわりつづけるのは、海に開発のスペースがあまりあるほどあるとする思いだけではあるまい。わたしたちが昔々、海から日本列島にやってきたことをかんがえれば、「海回帰」とよんでもよいかもしれないほどのものだ。海を忘れかねる情、である。それは、どういうことを意味するか。

低平地都市は蟻地獄

そのいっぽうで、低平地に集落をひらき、町場ができ、都市をつくって、すまいつづけてきた。そしていま、低平地につくられた都市に、低平地都市にわたしたちのおおくが住んでいる。

今日みるような都市ができたのは、中世末期から近世初頭にかけての城下町建設に負うところが大きい。その城下町都市という生活空間が、国土を席巻した。そして、これら城下町都市が発展して今日の都市になったケースがおおい。

城下町都市は、江戸時代をつうじて、農村人口を吸収しつづけた。都市にやってきたのは、農家の次男三男などで、単身でやってきたものがほとんどであった。ために出生率は農村より低かったし、死亡率が出生率をうわまわることが多く、都市の人口を自律的に維持することはむつかしかった。そのため都市人口の維持はつねに農村からの流入人口にたよらざるをえなかった。かれらなくしては、都市は運営しえなかったのである。

こうした都市のようすを、歴史人口学の速水融（1929〜2019）は「蟻地獄」にたとえて、「都市では男子人口が女子人口より著しく多く、この性比のアンバランスのため有配偶率が低く、結婚年齢が高くなる結果、出生率が低くなること、人口密度が高いため、また衛生状態や居住条件が悪いため、災害や流行病で人命が失われる危険性がより高く、死亡率が高いことなどがあげられる。発展する都市は周辺農村からの人口を引きつけたが、流入した人びとにとって都市は「蟻地獄」であったのである。また農村からの出稼ぎの若い男女が都市の「蟻地獄」から脱出し帰村しても、結婚は遅れ、それが農村の出生率に影響を与えることになった」と説明する（速水融・宮本又郎編『日本経済史1　経済社会の成立17−18世紀』）。

どうして農村からの離脱がおこなわれたのか。それは、こういうことだ。かれらが所有する農地にはかぎりがある。子どもたちに区分して分け与えることをくりかえすと、たちまちにごく小さな農地になってしまい、生計を維持することがむつかしくなる。ために次男三男などはあらたに農地を開墾するか、さもなければ家付きの労働力、つまりおんじい、おんばあになって結婚もできないまま一生を送るしかない。そういうことがかれらを都市に押しだした。「農村難民」といってよかろう。そのかれらを都市がうけ入れた。

明治以降、都市集中はさらに激化した。それが、なにをもたらしたのか。

東京では、それまでは裏長屋などがかれらの居所で、市中にきちんと収まっていたものが、貧民窟となって郊外のほうにどんどんひろがっていき、東京を包囲するようになった。そのようすは、『貧民心理の研究』（賀川豊彦）や『日本の下層社会』（横山源之助）など、当時の新聞や雑誌、書物に記されている。そのなかで「四谷鮫河橋《よつやさめがはし》」「芝新網《しばしんあみ》」「下谷万年町《したやまんねんちょう》」は、明治期の東京の三大貧民窟として知られている。

「草木と青空とを忘れかねる情」

このような都市でその許容を超えて人口がふえたり、あるいは自分のすまいをもちたいとか劣悪な環境の市街地から脱出したいなどで、人びとは郊外にすまいをもとうとした。現象としてみると、明治以降、都市周辺の農地に進出した時期をへて、都市の郊外の丘陵地など、それまで居住地として手つかずであったところを開発して住宅地にした。

なにが山に目をむけさせたのだろうか。むこうに山があった、都市的につかっていないスペースがあったというだけでは、説明がつかない。山の端の丘陵地への着目がどのようにしておこったのか。

日本民俗学の父・柳田國男（1875～1962）は、その理由が、「草木と青空とを忘れかねる情」だ、ととらえた。

江戸が東京と改まって、都市住民の大きな入れ替わりが行われた際には、移住者の心理はすでに一変していたはずであるが、なおかつて働きに出てしばらくの腰掛け場所を求めていた時代の仕来たりが、依然として続いていた。……しかしさすがにこれを永住の家とするからには、小さくとも門と坪庭だけは独立したものを持ちたいと、思う人たちが多くなった。風呂は銭湯のほうがかえってよいと言いつつも、便所だけは家々に附属させる必要を感じた。それで今までの区域には何としても住み切れなくなって、追い追いに都市が周囲に延長したのである。最初にはこれも旧来の割長屋のいくぶんか大ぶりなものを、裏町の通りに面して建てていたのであるが、交通がしだいに改良せられるに乗じて、いつとなく郊外の空地をねらうようになった。郊外生活は新たに町に移った者の、草木と青空とを忘れかねる情から、出発したものがもちろん多いが、なおそれ以外にも何代か市街の真中に、住み馴れていた人も飛び出してきた。そうして働く場所だけを元の地に残そうと苦心しているのである。これは要するに今までの集合生活が、ただ避くべからざる拘束にすぎなかったことを意味する。人は許されて久しぶりに、本来の住み心地に戻ろうとしているのである。

（『明治大正史　世相篇』）

この「草木と青空とを忘れかねる情」が、第二次世界大戦後、大規模に噴き出した。人口のすさまじい都市集中がそれを思い起こさせたのだろう。そしてニュータウンが生まれた。その造成地として、大都市の郊外の丘陵地に目がつけられた。それは全国におよんだ。その先駆が、一九六五年から入居がはじまった、低平地都市大阪の千里ニュータウンである。

平地とはちがった文化を得た

農村に住む人は、柳田流にいえば、ルーツは、山地から平地におりてきて農業をいとなむようになった元山人の平地人である。その平地人の一部が都市にやってきて出小屋に住まって根をおろした。そのかれらが、丘陵地ではあるが、もういちど山に帰った。山地からきたといっても山奥に住んでいたわけではない。ちょうどこの丘陵地のような平地に近いところであるから、山＝丘陵地とかんがえてよい。かなり長いあいだ平地人として暮らしたが、山に戻って、平地とはちがった文化を得た。山と平地の両方の生活を知っているからである。そこでは、柳田のいう「通例大きくて念入り」の家でなければならない。それが庭付き一戸建てとなった。が、さまざまな階層の人びとが暮らすニュータウンだから、とりあえずは賃貸集合住宅でもよい。ともかくも出小屋でない家をニュータウンは生んだ。すくなくともそういうメッセージをニュータウンは送った。

哲学者の柄谷行人は、「柳田国男と山人」にかんする論考のなかで、「先住民は追われて山人になった。その後に山地に移住してきた人々がいる。彼らは山民である。彼らは狩猟採集をするとはいえ、すでに農業技術をもっていた。柳田の考えでは、……彼らは平地に水田耕作とそれを統治する国家ができたあとに、そこから逃れた者であり、平地世界と対抗すると同時に交易していた。東国や西国の武士も起源においてこのような山民であったといえる。……したがって、山民は平地人と対立しながらも、相互に依存する関係にある。……柳田が山人について取り組みはじめたのは、椎葉村の山民に会って以後である。……椎葉村で柳田が驚いたのは、「彼らの土地に対する思想が、平地に於ける我々の思想と異なって居る」ことである。……遊動的生活から来たものだ。」(『遊動論』)、と語っている。

都市に住みついたかれらも、遊動生活を送ってきた。すると、郊外のニュータウンに移住したかれらを、「新山民」とよんでもいいのではないか。

建築学者の上田篤は、一九七三年正月の朝日新聞紙上に、「現代住宅双六《すごろく》」を出した(絵・久谷政樹)。やや荒っぽいが紹介すると、誕生してベビーベッドが最初のすまいで、つぎは両親と川の字で寝るすまい、そして子供部屋をもらい、寮や寄宿舎・下宿で学生生活を送り、社会に出て木造アパートや公団単身アパートに住まって働き、結婚して賃貸マンションや、公団・公社アパート、分譲マンションに暮らし、最後は「庭付き郊外一戸建て住宅」を購入してあがり、というものだ。たしかにそうだったと納得する人もおおいはずだ。それほどまでに、郊外の庭付き一戸建て住宅が究極の住みかとして位置づけられた。それは、「新山民の思想」といってもよいほどのものだ。

縄文のリ・インカネーションだ

ニュータウンはベッドタウンで、職場は低平地の都市に置いたままである。だから低平地とは相互に依存する関係にある。つねに平地人と交流する新山民である。そのかれらが、やがて、低平地を支配するようになることを、そのごの事実がおしえてくれる。

そのニュータウンで、郊外の丘陵地で、あらたな生活の場をつくりあげたのは、女性である。男性はここをねぐらにして平地の仕事場や海外などにでかけた。だから、郊外のニュータウン文化は女性がつくりだした、といってよい。女性のあらたな活動の場、活躍の場が郊外の丘陵地であった。

それは、縄文時代のわたしたちの生活空間と生活に重なってくる。海に近い丘陵地に根拠をおき、男性はそこから山や海などでのグレートハンティングや交易にでかけ、女性は丘陵地の根拠にいてそこをたしかなものにしていく。

ところが、神戸のポートアイランドは、ニュータウン開発と人工島造成とを一体のものとして、セットですすめた。「海を忘れかねる情」と「草木と青空とを忘れかねる情」とがくっついたのだ。丘陵地の根拠とグレートハンティングや交易の場としての人工島とを同時につくったのだから、まさに縄文の世界を一挙に再現したといってよい。郊外の丘陵地のニュータウンも縄文の世界に戻ったものであったが、グレートハンティングや交易の場まではつくらなかった。だから、*"mountain goes to sea"* のポートアイランドの造成はいわゆるニュータウン開発を超えたものとなった。

原口がこのことに気づいていたかどうかはわからないが、すでにみたように、原口はいろいろなことをはじめているなかで、役所の女子職員のお茶くみをやめさせていることに、それをうかがうことができるかもしれない。ニュータウンという根拠をまもって自分たちの仕事をしている女性に、お茶くみとはどういうことか、ということではないか。

縄文時代のわたしたちの生活空間のあらたなよみがえり、縄文世界のよそおいをあらたにしたリ・インカネーション、それがポートアイランドである、といってよいかもしれない。

上田篤は、「現代住宅双六」の新バージョン「新・住宅双六」を二〇〇七年に日本経済新聞紙上に出した。最初のものから三五年ほどあとのことである。そこではあがりが六つになっている。郊外庭付き一戸建て住宅があがりではなく、老人介護ホーム安楽、親子マンション互助、農家町家回帰、海外定住、都心(超)高層マンション余生、自宅生涯現役の六つである。

これは、新山民が低平地の世界にふたたび呑みこまれてしまったことなのだろうか。いや、そうではない。逆にかれらが低平地を呑みこんだのだ。郊外の丘陵地のニュータウンで育った世代が社会をうごかしている時代だからだ。六つのあがりは、新山民があらたに生みだした生活様式とみたほうが適切だからだ。新山民が平地を征服したのである。丘陵と低平地とをあわせて新山民の根拠になった。そこに柳田のいう「通例大きくて念入り」の家が形を変えていろいろあらわれたのだ。そして、グレートハンティングや交易の場は、海の港だけでなく、のちに空の港の神戸空港がポートアイランド沖にもうけられたことで、大きくひろがっていった。

さて、新山民がグレートハンティングや交易にでかける拠点の人工島は、どうなったか。人工島は海岸線から離れているから、それをうまくつかえば、沿岸部を自然の海岸として再生できる可能性を秘めている。海中の人工島そのものの環境への影響は、未知の部分がおおいが、これまでの埋め立ての経験からいろいろと研究されてきた。たとえば大阪湾内泉州沖五キロメートルに位置する関西国際空港島では、大阪湾の生態系を破壊するという非難や反対の声があがったが、生態系との協調をたもったエコロジカル・アイランドといった概念に近いものに挑戦できた。環境協調技術、ヒューマナイズド・テクノロジーがみえてきた（新井洋一『巨大人工島の創造』）。島の周囲に藻場ができ、たくさんの魚が寄りつくなど、あらたな生態系の形成も確認されている。

ヒューマナイズド・テクノロジーによる人工島は、こんご、大水深、軟弱地盤、波の荒い外海といった自然条件との対応がもとめられていくだろうが、山がちなわが国固有の海岸埋め立てを離れたがために、世界のさまざまな海域で展開されることが可能になった。縄文世界の世界的展開のきざし、といってよいかもしれない。

ひとつの結語

このように、時系列を意識しておっていくと、水辺は、わたしたちの国土・すまい・都市と地域の空間と生活、そしてわたしたちの意識のなかに脈々と流れていることがわかる。

それは自然の海から生まれたものであるから、わたしたちは、自然の時間を生きてきたのだし、自然ゆえにそれはいまもつづいているのだし、今後もそうでありつづける。そうとしかかんがえようがない。

その水辺は、自然ゆえに、時間とともに変化している。日々の動きはまったく微々たるものかもしれないが、それを無視するわけにはゆかない。水辺は自然の時間とともに変化している。

そのことをすでに先史の人びとはしっかり読みとり、わたしたちの世界を日読みと月読みでとらえた。太陽の運行を読み、月の変化を読むことで、もろもろを律してきたのである。

◇

ところが、わたしたちは、いま、人工的な時間を生きている。

一日のリズム、一週間のリズム、一か月のリズム、一年のリズムなど、わたしたちの生活リズムはわたしたちがみずからつくりだしたものだ。人工的な時間である。でもそれらは天体など自然の動きから学んだものだから、自然の時間の流れのなかにあるといってよかろう。

しかし、一日のスケジュールとなると、それとはまったく関係なしに決められている。たとえば学校や会社に行く時間は、天体の運行、月の満ち欠けと切り離され、社会の都合によってきめられている。こうした人工的な時間によって社会が企画管理され、それにしたがって暮らしていく、生きていくようになっている。

◇

これがどういうことなのか、すぐには理解できないが、わたしたちが生活する空間に目をむけると、よくわかる。

たとえば洪水にそなえて河川に堤防を築いたり、海岸を人工物に改変したりして、自然がみずから変えていく自然の時間を、人間の人工的な時間にあわせて止めている。河川が山から土砂を運んできて市街地に被害をおよぼすからと、砂防ダムをつくる。すると、山の土砂が潮に運ばれて海の作用によって海岸や砂浜ができることが止まってしまう。それだけではない。潮の干満が砂浜を崩して海にもっていってしまうから、砂浜はだんだん痩せてくる。そこでこれではいけないと波に侵食されないようにと防潮堤や海岸堤防をつくる。これで海岸の浸食は止められるが、もうそれ以上土地がしぜんにふえることはなくなる。そこで埋め立てをする。そのいっぽうで、河川は土砂を運びつづけるから、それが街中にはいってくるのをふせぐために、河川の砂防ダムをつくる。が、そのうちに砂防ダムは土砂で埋まってしまって、機能を果たさなくなる。で、また砂防ダムをつくる。そのくりかえしである。

また、どこを人びとが住む市街化区域にするかどうかの判断は、その土地の自然条件とは関係なく、さまざまな社会の要請を優先しておこなわれている。土地は自然の時間の流れとともに刻々と変化しているのだが、そうしたことは考慮されない。水害や山津波の災害にであうのも、こうしたことのけっかである。

それは、自然の時間を勝手に、人工的に止めているというか、無視しているだけで、自然の時間の流れが操作できているわけではない。無視していても、自然の時間はどんどん流れていく。

自然の時間の対応ができていないのである。

◇

そうなったのも、おおぎょうにいえば、文明ゆえである。西洋的な文明である。ゴリラの生態を中心に人類の起源を探究し、霊長類学の観点から現代の社会も論じる山極壽一をはじめ、このようにかんがえる人たちもけっしてすくなくないようにおもう。

詮ずるに、かなり荒っぽくなるが、「驚異的な進化上のUターン」をして永久の陸の生活に戻った（本書一「水辺と日本人」参照）かれらの文明は道具と言葉がつくってきた、ということができようか。

自然はいっときとしておなじ状況にないから、自然の時間の対応は、わたしたちがその場その場でかんがえておこなうしかない。ところが、道具が発明されると、おなじ動作、おなじ対応が可能になり、それを場所を問わずもちいることによって自然の時間との臨機応変の対応をやめてしまったのではないか。

言葉もどうようである。言葉の発明によって、場所を問わず情報が伝えられるようになり、個々のケースに自在に対応することをやめてしまったのではないか。

その道具に機械がくわわってますます機械による時間に管理されるようになり、言葉にICTやAIがくわわって現在の時間だけでなく未来の時間までも先取りして対応するようになった。

◇

ところが、わたしたちの水辺の文明——そうみているのはわたしだけかもしれないが——は、水辺という自然ゆえに、それだけでは対応できない。水辺は刻々として変わっているから、均一の動作、均一の情報だけでは対応できない。すると、これまで経験したことがないような気候変動の昨今、ほんとうに未来を先取りすることができるのだろうか。

南海トラフをはじめとする大地震がそう遠くない未来にまちがいなく起こる、と予測されている。これはたぶんまちがいないことだろう。

それへの対応をどうするか。さいわいなことに、まだ起こっていないから、いろいろと準備をすすめる時間はある。

が、かんがえられている防災体制や避難計画など、ほんとうにそれにしっかり対応できるものなのだろうか。

というのは、自然の時間の流れを無視して、人工的な対策ばかりが優先されているからである。

それがなぜ問題なのか。

自然はいっときとしておなじ状態ではないのに、それにたいする方策はどうしても固定的なものになってしまうからである。

防災のためのハザードマップなどは、その典型である。刻々と変化する水辺にたいして即座に対応できるハザードマップづくりをかんがえねばなるまいが、それができたとしても、それだけでは水辺に安心・安全に生きることはできないだろう。

では、どうすればよいのか。

◇

わたしたちはいまも水辺に暮らしている。水辺とともに生きている。日常生活はそのことを意識せずにくりひろげられているが、わたしたちの世界のルーツはすべて、水辺にあるといってよい。それはけっして消し去ることができない事実である。これからもつづく事実である。目にみえなくなっている「水辺」もおおいが、実体的には、足元をみれば、足元の下をさぐれば、水辺がそこにはある。

だから、わたしたちが暮らしている生活空間の足元、つまり地下情報にもっと気を配る必要がある。そのためには国土地理院が発行する土地条件図がもっと利用されてよい。土地条件図は、防災対策や土地利用・土地保全・地域開発等の計画策定に必要な、土地の自然条件等にかんする基礎資料を提供する目的で、昭和三〇年代から実施されている土地条件調査の成果をもとに公表されているもので、そこには主に山地、台地・段丘、低地、水部、人工地形などの地形分類が示されている。

また、水辺が生みだした上下足分離の居住様式やゆか坐の起居様式も、わたしたちの意識下にあるものだが、居住形態や住居構造がいくら変化していこうとも、けっしてなくならないだろう。それを機会あるごとに確認してみることも、必要である。

◇

そうした自然の時間、水辺の時間を生きていくこと。それをわたしたちの作法とし、わたしたちの行動様式とすることをかんがえなければならない。

このことが、フォーカスをあてるポイントである。

◇

身近な光景に目をやろう。

こんなところに住んでいるのであれば、水害に遭うのもあたりまえだ、というような場所に住んでいる光景にでくわすことがある。それは都市部と地方とを問わず、全国いたるところでみられる。

そうであるのも、住むということが第一義的にかんがえられて市街地化、居住地化されているのではなく、市場原理が優先されてそれらがすすんでいることに大きな原因があるのではないか。

地震にたいしても、同様のことがいえよう。たとえば液状化のように、あきらかに地盤がわるいところがなんの対策もかんがえられないまま居住地化され、そこが地震で被害を受けている。なにをかいわんや、である。

こうしたことにたいしてだれが責任をもって対応してくれるのだろうか。はなはだ不鮮明だといわざるをえない。

では、このことにどのような対応をすればよいのか。

その方法はいろいろあろうが、いまのところ、市場原理を相手にしなければならないがために、わたしたち自身がしっかり理論武装して、このような現状に対応するしかないのではないか。賢い居住者になる、ということである。そこから水辺とともに生きる作法、行動様式が生まれる。

そのためには、わたしたちが住む国土、地域のことを、そしてすまいのことをわたしたち自身が自身のこととしてしっかり頭に入れておく必要がある。

◇

わたしたちは、すくなくとも一万二〇〇〇年まえに山海に暮らしはじめていご、さまざまな展開をみせた第一ステージをへて、現在、山海に暮らす第二ステージにすでにはいっている。ただ、第一ステージの時間の長さをかんがえれば、第二ステージははじまったばかりであるといってよい。

これからわたしたちの生活空間はどのように展開していくのか。あるいは、展開させていくのか。それは、これまでの展開をしっかりと踏まえたうえで、さきにみたフォーカスにポイントをあわせた、わたしたち新山民の理解と、知恵と工夫、そして行動にゆだねられている。

それを、わたしたちがそれぞれ住んでいるところ、こんなところにもわたしたちは住んでいると知っているところ、わたしたちがいま暮らしているすまいや都市の空間などを、各章でみる、山海に暮らす第一ステージと照合してみることからはじめてみるのも、ひとつの方法である。

あとがき

かつて、ある研究会の席上、「神社の鳥居ってありますよね。あれって、構築物、建築物ですよね。あなたは建築の専門家ですよね。なら、鳥居ってなんだか、教えてくれませんか」と質問されたことをいまでも鮮明におぼえている。「ん!?……」それがわたしの答えであった。

わたしたちの空間と生活は密接に関係しあっている。たとえばある住居で暮らしていると、そのままでは生活しにくくなることが生じる。住居の空間と生活とが一致しなくなったのである。そうしたあらたな生活要求にはさまざまなものがあるが、ただしい生活要求がなにであるかを分析して、それに対応するあらたな住居の空間を提示する。このようにして住居は発展変化していく。生活空間の科学と称する、確たる知の体系である。

この方法で、すまいや都市の研究をすすめてきた。ところが、これだけではさきの質問に答えることができなかった。

京都大学人文科学研究所での共同研究にかかわる機会を得たことや、国立民族学博物館や国立歴史民俗博物館などの共同研究員となったこと、生活空間のアジア的価値をもとめてアジアの集落調査を継続的におこなったこと、海外の大学に客員として赴任する機会を得たこと、さらには日本学術振興会の海外研究連絡センター長として海外赴任する機会を得たことなどをつうじて、すまいや都市をさまざまな視点からみることができ、それが本書の執筆を生みだした。

水辺の研究は、わたしの国内における研究テーマである。わたしたちの生活空間を水辺型生活空間ととらえて研究し、機会を得てはさまざまなかたちで公表してきたのだが、それらを本書でまとめるとともに、すまいも水辺から発展してきていることをあらためて提示した。

わたしたちは、四周を海に囲まれ、おおくの河川が流れている、そのなかに生きている。だから、水辺ばかりのなかに暮らしていることになる。

それにもかかわらずそのことに無関心であることに、わたしは関心がある。

わたしたちは、本書の一「水辺と日本人」を起とし、それを承けて本書二、三、四、五と展開し、そのさらなる展開として本書六から一一があり、本書一二をその帰結として、水辺とともに生きてきたように見えるのだが、じつはそうではない。水辺とともに生きることをより発展させて、ふたたびスタートラインにもどったのである。その意味で、本書一二はひとつの結であり、あらたなスタートラインである。そのスタートラインも、立ったばかりである。それだけに、わたしたちはこれからも水辺とともに生きていることをこころにしっかりと刻まねばならない。

水の文化史や川紀行などの書物はあるが、水辺にかんする書物は、ウオーターフロント開発など水辺がブームになったとき以外、あまり目にすることはない。

それだけに、本書がわたしたちの目を、あらためて、水辺にむけるきっかけになれば、まことにさいわいである。

◇

最後に、出版を引きうけていただいた明石書店の代表取締役・大江道雅氏、編集部長・安田伸氏、編集を担当していただいた上田哲平氏に心から謝意を表します。

二〇二五年三月

中岡　義介

【参考文献】

一――水辺と日本人

柳田國男『明治大正史　世相篇』（講談社学術文庫、１９９３年）
中岡義介『国土のリ・デザイン』（花伝社、２０２２年）
モリス、デズモンド（Desmond Morris）『裸のサル――動物学的人間像』原題 *The Naked Ape: A Zoologist's Study of the Human Animal*, 1967　日高敏隆訳（河出書房新社、１９６９年）
ワトソン、ライアル（Lyall Watson）『悪食のサル――食性からみた人間像』原題 *The Omnivorous Ape*, 1971　餌取章男訳（河出書房新社、１９７４年）
モーガン、エレン（Elaine Morgan）『女の由来』原題 *The Descent of Woman*, 1972　中山善之訳（二見書房、１９７２年）
上田篤「足の呪縛」上田篤・多田道太郎・中岡義介編『空間の原型――住まいにおける聖の比較文化』（筑摩書房、１９８３年）

二――山海に暮らして一万年

山崎晴雄・久保純子『日本列島１００万年史』（講談社、２０１７年）
坂元宇一郎『顔相と日本人』（サイマル出版会、１９７６年）
上田篤『縄文人に学ぶ』（新潮新書、２０１３年）

関裕二『「縄文」の新常識を知れば日本の謎が解ける』（PHP新書、2019年）
森川昌和・橋本澄夫『鳥浜貝塚――縄文のタイムカプセル』（読売新聞社、1994年）
中岡義介・川西尋子『ブラジルの都市の歴史』（明石書店、2020年）
佐賀市教育委員会編『縄文の奇跡！　東名遺跡』（雄山閣、2017年）
岡田康博『遥かなる縄文の声――三内丸山を掘る』（NHKブックス、2000年）
中沢新一『アースダイバー』（講談社、2005年）

三――海が水辺をつくった

『魏志倭人伝・後漢書倭伝・宋書倭国伝・隋書倭国伝』（岩波文庫、1985年）
次田真幸『古事記』全訳注、全3巻（講談社学術文庫、1977～1984年）
宇治谷孟『日本書紀』全現代語訳、全2冊（講談社学術文庫、1988年）
坂本太郎・家永三郎・井上光貞・大野晋校注『日本書紀』全5冊（岩波文庫、1994～1995年）
足立克己『荒神谷遺跡』（読売新聞社、1995年）
荻原千鶴『出雲国風土記』（講談社学術文庫、1996年）
上田篤『私たちの体にアマテラスの血が流れている』（宮帯出版社、2017年）

四――内陸の湖を蹴裂いた

藤田和夫『日本列島砂山論』（小学館創造選書、1982年）
次田真幸『古事記』全訳注、全3巻（講談社学術文庫、1977～1984年）

宇治谷孟『日本書紀』全現代語訳、全2冊（講談社学術文庫、1988年）
坂本太郎・家永三郎・井上光貞・大野晋校注『日本書紀』全5冊（岩波文庫、1994〜1995年）
玉城哲・旗手勲『風土——大地と人間の歴史』（平凡社、1974年）
上田篤・田中充子『蹴裂伝説と国づくり』（鹿島出版会、2011年）
高取正男「青葉の霊力」上田篤・多田道太郎・中岡義介編『空間の原型——住まいにおける聖の比較文化』（筑摩書房、1983年）
米山俊直『小盆地宇宙と日本文化』（岩波書店、1989年）

五——自然の上に海辺の低湿地を拓いた

『万葉集』全5冊（岩波文庫、2016年）
沖森卓也・佐藤信・矢嶋泉編著『豊後国風土記　肥前国風土記』（山川出版社、2008年）
佐賀県史編纂委員会『佐賀県史』上巻（1968年）
江口辰五郎『佐賀平野の水と土』（新評社、1977年）
米倉二郎『東亜の集落』（古今書院、1960年）
中岡義介『国土のリ・デザイン』（花伝社、2022年）
島崎藤村『夜明け前』全4巻（ほるぷ社、1985年）

六——水辺は遊び庭

次田真幸『古事記』全訳注、全3巻（講談社学術文庫、1977〜1984年）

宇治谷孟『日本書紀』全現代語訳、全2冊（講談社学術文庫、１９８８年）
坂本太郎・家永三郎・井上光貞・大野晋校注『日本書紀』全5冊（岩波文庫、１９９４〜１９９５年）
折口信夫『古代研究Ⅰ　祭りの発生』（中公クラシックス、２００２年）
上田篤『一万年の天皇』（文春新書、２００６年）
土橋寛『古代歌謡全注釈』（角川書店、１９７２、７６年）
宮地直一『熊野三山の史的研究』（理想社、１９５６年）
佐藤正彦「奈良・平安時代の文献に見える熊野三山社殿の状態」日本建築学会論文報告集第２３５号（１９７５年）
『日本の絵巻20　一遍上人絵伝』（中央公論社、１９８８年）
『紀伊続風土記』（和歌山県立文書館蔵）
稲村賢敷『沖縄の古代部落マキョの研究』（琉球文教図書、１９６８年）
仲松弥秀『神と村』（伝統と現代社、１９７５年）
渡邊欣雄「宴の意味」『日本の美学8』（ぺりかん社、１９８６年）
坂本勝「宴と王権――古事記・日本書紀の事例から」日本文學誌要53巻（１９９６年）
中根金作「曲水考」造園雑誌49巻４号（１９８５年）

七――水辺のニワがすまいになった

広瀬和雄「弥生時代の「神殿」」『日本古代史――都市と神殿の誕生』（新人物往来社、１９９８年）
堀口捨己「佐味田の鏡の家の図について」『古美術』１９６（宝雲舎、１９４８年）
木村徳国「鏡の画とイヘ」大林太良編『日本古代文化の探究・家』（社会思想社、１９７５年）

木村徳国「トノ・オオトノ・ミアラカ」『建築史研究』39（建築史研究会、1973年）
池浩三『家屋文鏡の世界』（相模書房、1983年）
小笠原好彦「首長居館遺跡からみた家屋文鏡と囲形埴輪」『日本古代学』9巻13号（2002年）
川本重雄『寝殿造の空間と儀式』（中央公論美術出版、2012年）
川本重雄「寝殿造の成立と正月大饗」日本建築学会計画系論文集第729号（2016年）
『日本の絵巻8　年中行事絵巻』（中央公論社、1987年）
宇治谷孟『日本書紀』全現代語訳、全2冊（講談社学術文庫、1988年）
坂本太郎・家永三郎・井上光貞・大野晋校注『日本書紀』全5冊（岩波文庫、1994～1995年）

八――水辺がすまいを進化させた

中岡義介「床に映される日本的精神」『日本の美と文化11　書院と民家』（講談社、1983年）
マンフォード、ルイス（Lewis Mumford）『歴史の都市　明日の都市』原題 *The City in History: Its origins, its transformation, and its prospects*, 1961　生田勉訳（新潮社、1969年）
中岡義介・大谷聡・川西尋子・後藤隆太郎『バリ島巡礼』（鹿島出版会、2016年）
平井聖『日本住宅の歴史』（NHKブックス、1986年）
中岡義介「床のコミュニケーション」上田篤・多田道太郎・中岡義介編『空間の原型――住まいにおける聖の比較文化』（筑摩書房、1983年）
中岡義介『奥座敷は奥にない――日本の住まいを解剖する』（彰国社、1986年）

九——水辺から都市が生まれた

藤田三郎『唐古・鍵遺跡』（同成社、２０１２年）
「史跡纒向遺跡・史跡纒向古墳群　保存活用計画書」桜井市教育委員会（２０１６年）
保存修景計画研究会『歴史の町なみ　京都編』（ＮＨＫブックス、１９７９年）
中岡義介『水辺のデザイン――水辺型生活空間の創造』（森北出版、１９８６年）
佐藤春夫『わんぱく時代』（新潮文庫、１９８６年）
中岡義介「大野」保存修景計画研究会『歴史の町なみ　関東・中部・北陸編』（ＮＨＫブックス、１９８０年）
高橋康夫・吉田伸之・宮本雅明・伊藤毅編『図集　日本都市史』（東京大学出版会、１９９３年）
玉置豊次郎『日本都市成立史』（理工学社、１９８５年）

一〇——劇場は都市の水辺の遊び庭

中島暢太郎「鴨川水害史（1）」京都大学防災研究所26号（１９８３年）
吉越昭久「近世の京都・鴨川における河川環境」歴史地理学39巻1号（１９９８年）
『日本の絵巻20　一遍上人絵伝』（中央公論社、１９８８年）
瀬田勝哉『洛中洛外の群像』（平凡社、１９９４年）
川嶋將生『「洛中洛外」の社会史』（思文閣出版、１９９９年）
下坂守『中世寺院社会と民衆』（思文閣出版、２０１４年）
小笠原恭子『出雲のおくに――その時代と芸能』（中公新書、１９８４年）

小笠原恭子『都市と劇場――中・近世の鎮魂・遊楽・権力』（平凡社選書、１９９２年）

一一――海辺にもうひとつの都市があった

ペリー、Ｍ・Ｃ（Matthew Calbraith Perry）／ホークス、Ｆ・Ｌ（Francis Lister Hawks）編纂『ペリー提督日本遠征記』原題 *Narrative of the Expedition of an American Squadron to the China Seas and Japan,* 1852～1854　宮崎壽子監訳（角川文庫、２０１４年）
網野善彦『海民と日本社会』（新人物文庫、２００９年）
中岡義介「三国」保存修景計画研究会『歴史の町なみ　関東・中部・北陸編』（ＮＨＫブックス、１９８０年）
網野善彦『日本の歴史00「日本」とは何か』（講談社、２０００年）
伊藤正敏『寺社勢力の中世――無縁・有縁・移民』（ちくま新書、２００８年）
勝山市編『白山平泉寺』（吉川弘文館、２０１７年）
立花隆：文・佐々木芳郎：写真『インディオの聖像』（文藝春秋、２０２２年）
中岡義介・川西尋子『ブラジルの都市の歴史』（明石書店、２０２２年）

一二――山海の一大都市をつくった

『原口忠次郎の横顔』（同刊行会、１９６６年）
原口忠次郎『過密都市への挑戦――ある大都市の記録』（日経新書、１９６８年）
中岡義介『国土のリ・デザイン』（花伝社、２０２２年）

速水融・宮本又郎編『日本経済史1　経済社会の成立17－18世紀』（岩波書店、1988年）
柳田國男『明治大正史　世相篇』（講談社学術文庫、1993年）
柄谷行人『遊動論　柳田国男と山人』（文春新書、2014年）
新井洋一『巨大人工島の創造』（彰国社、1995年）

【著者紹介】

中岡《なかおか》 義介《よしすけ》

建築学者、地域都市計画家。兵庫教育大学名誉教授。

1944年神戸市生まれ。京都大学工学部建築学科卒業、同大学院修了。工学博士。

福井工業大学、佐賀大学、兵庫教育大学教授を歴任。その間、京都大学人文科学研究所非常勤講師、中国・中南工業大学客員教授、国立民族学博物館・国立歴史民俗博物館共同研究員、日本学術振興会サンパウロ研究連絡センター長などを兼任。

〔主な著書〕

『国土のリ・デザイン』(花伝社、2022年)
『ブラジルの都市の歴史』(共著、明石書店、2020年)
『ウッドファースト』(分担執筆、藤原書店、2016年)
『バリ島巡礼』(共著、鹿島出版会、2016年)
『首都ブラジリア――モデルニズモ都市の誕生』(共著、鹿島出版会、2014年)
『世界地名大辞典9　中南アメリカ』(分担執筆、朝倉書店、2014年)
『路地研究――もうひとつの都市の広場』(分担執筆、鹿島出版会、2013年)
『日本人はどのように国土をつくったか』(分担執筆、学芸出版社、2005年)
『ラテンアメリカ――都市と社会』(分担執筆、新評論、1991年)
『マスシティ――大衆文化都市としての日本』(分担執筆、学芸出版社、1991年)
『水網都市――リバー・ウオッチングのすすめ』(分担執筆、学芸出版社、1987年)
『水辺と都市――空っぽの復権』(分担執筆、学芸出版社、1986年)
『水辺のデザイン――水辺型生活空間の創造』(森北出版、1986年)
『奥座敷は奥にない――日本の住まいを解剖する』(彰国社、1986年)
『都市デザイン――理論と方法』(分担執筆、学芸出版社、1985年)
『日本の美と文化11　書院と民家』(分担執筆、講談社、1983年)
『空間の原型――住まいにおける聖の比較文化』(共編著、筑摩書房、1983年)

〔主な計画・設計〕

「嘉瀬川ダム周辺整備計画」(佐賀県)
「佐賀市都市景観計画」(佐賀市)
「志田焼の里博物館」(嬉野市塩田町)

水辺と日本人
―― 環境・文明・防災

2025年4月30日　初版第1刷発行

著　者――中　岡　義　介
発行者――大　江　道　雅
発行所――株式会社 明石書店

〒101-0021　東京都千代田区外神田6-9-5
電話 03（5818）1171　FAX 03（5818）1174
https://www.akashi.co.jp/

装　幀　　明石書店デザイン室
印　刷　　株式会社 文化カラー印刷
製　本　　本間製本 株式会社
ISBN 978-4-7503-5923-6

（定価はカバーに表示してあります）